Vanessa Wegert

Aus der Reihe: e-fellows.net stipendiaten-wissen

e-fellows.net (Hrsg.)

Band 142

Korrelationsanalyse - Berechnung von Zusammenhängen zwischen zwei verschiedenen Variablen

GRIN Verlag

Bibliografische Information der Deutschen Nationalbibliothek:

Die Deutsche Bibliothek verzeichnet diese Publikation in der Deutschen National-
bibliografie; detaillierte bibliografische Daten sind im Internet über http://dnb.d-
nb.de/ abrufbar.

Impressum:

Copyright © 2010 GRIN Verlag GmbH
Druck und Bindung: Books on Demand GmbH, Norderstedt Germany
ISBN: 978-3-640-96957-9

Dieses Buch bei GRIN:

http://www.grin.com/de/e-book/175289/korrelationsanalyse-berechnung-von-
zusammenhaengen-zwischen-zwei-verschiedenen

GRIN - Your knowledge has value

Der GRIN Verlag publiziert seit 1998 wissenschaftliche Arbeiten von Studenten, Hochschullehrern und anderen Akademikern als eBook und gedrucktes Buch. Die Verlagswebsite www.grin.com ist die ideale Plattform zur Veröffentlichung von Hausarbeiten, Abschlussarbeiten, wissenschaftlichen Aufsätzen, Dissertationen und Fachbüchern.

Besuchen Sie uns im Internet:

http://www.grin.com/

http://www.facebook.com/grincom

http://www.twitter.com/grin_com

Inhalt

»*So eine Arbeit wird eigentlich nie fertig, man muß sie für fertig erklären, wenn man nach Zeit und Umständen das möglichste getan hat.*«

JOHANN WOLFGANG VON GOETHE (1749-1832)

1 Einleitung

»STATISTIK IST FÜR MICH DAS INFORMATIONSMITTEL DER MÜNDIGEN. WER MIT IHR UM-

GEHEN KANN, KANN WENIGER LEICHT MANIPULIERT WERDEN. DER SATZ: ›MIT STATISTIK

KANN MAN ALLES BEWEISEN‹ GILT NUR FÜR DIE BEQUEMEN, DIE KEINE LUST HABEN, GENAU

HINZUSEHEN.«[1]

-Elisabeth Noelle-Neumann[2]-

Mit dem Beschluss, meine Facharbeit über die Korrelationsanalyse zu schreiben, habe ich mich für einen Bereich aus der deskriptiven Statistik entschieden. Als ich mir einen groben Überblick über das, was mir da bevorstand, verschaffte, musste ich feststellen, dass es zu weit führen würde, auf alle Aspekte der Korrelationsanalyse einzugehen. Daher ließ ich einzelne Themengebiete, die oft mit der Korrelation zusammen auftre-ten (z.B. Regression, partielle Korrelation), aus. Stattdessen konzentrierte ich mich auf die Berechnung von Zusammenhängen zwischen zwei verschiedenen Variablen.

Der letzte Satz der oben zitierten Aussage trifft meiner Meinung nach äußerst genau auf die Korrelationsanalyse zu. So lassen sich mit ihr »beweisen«, dass Störche Kinder bringen und Fieber Läuse verjagt. Für »die Bequemen, die keine Lust haben, genau hinzusehen« möge dieser »Beweis« aussagekräftig genug sein. Alle anderen, die sich mit der Korrelationsanalyse beschäftigt haben, wissen, dass die eine Erscheinung die andere keineswegs bedingen muss. Durch das Verfassen dieser Arbeit erhoffe ich mir den sicheren Umgang mit zusammenhängenden Erscheinungen und deren Dokumen-tation. Auch verspreche ich mir, den Hintergrund vieler Statistiken leichter erschließen, um dadurch deren Ergebnis leichter interpretieren zu können.

Die vorliegende Arbeit beschäftigt sich zunächst mit der Theorie der Korrelationsanaly-se. Dabei werden nach der Definition und dem geschichtlichen Hintergrund die ver-schiedenen Formeln, die zur Berechnung der Korrelation bestimmter Variablen hinzu-

---

[1] http://www.stubig.com. Sammlung von Zitaten zur Statistik.
  http://www.stubig.com/Wissenschaft/Zitate.html; aufgerufen am 29.10.2010
[2] * 19. Dezember 1916 in Berlin; † 25. März 2010 in Allensbach; Professorin für Kommunikationswissenschaft

gezogen werden, einzeln dargelegt. Dies geschieht meist an einem Beispiel, um die Anwendung der Formel zu veranschaulichen. Danach erfolgt unter der Rubrik »Aufgaben« der praktische Teil meiner Arbeit, in der ich die Formeln auf Alltagsprobleme anwendete. Dabei wog ich unter anderem Eier, untersuchte Kontaktanzeigen, befragte Passanten in der Frankfurter Hauptwache hinsichtlich ihres Farb- und Schokoladengeschmackes, untersuchte Schülernoten in verschiedenen Fächern auf deren Zusammenhang, befasste mich mit dem Wunschalter in Kontaktanzeigen, prüfte Bauernregel auf ihre Glaubwürdigkeit und den »verwandten« Geschmack von Geschwistern. Was sich oft als mühsame Arbeit aufgrund der langwierigen, viel Zeit in Anspruch nehmenden Auswertung der einzelnen Daten zeigte, wurde am Ende jedes Experiments mit einem Ergebnis belohnt.

Walldürn, am 18. 07. 2011

2   Korrelation – Was ist das?

Die Korrelation ist ein »nur statistisch, mit Hilfe der Wahrscheinlichkeitsrechnung zu erfassender [loser, zufälliger] Zusammenhang zwischen bestimmten Erscheinungen«[1]- so jedenfalls definiert der »Duden« den genannten Begriff. Nach allgemeinem Verständnis im Alltag jedoch wird unter »Korrelation« eine »irgendwie geartete Beziehung«[2] zwischen unterschiedlichen Komponenten aufgefasst.

In der deskriptiven Statistik, die Kausalzusammenhänge sowohl erforscht als auch untersucht, ist diese Definition hingegen viel zu unpräzise. Zwar ist »Korrelation« der mathematische Begriff für den laienhaften »Zusammenhang«, aber eine einheitliche Definition dieses Wortes gibt es in der Statistik nicht.[3]

Das Hauptziel der Statistik besteht darin, Datenmaterial zu analysieren, auszuwerten und eine Relation, beziehungsweise einen Zusammenhang innerhalb bestimmter Charakteristika herzustellen.[4] Die Methode, derer sie sich bedient, um ihr Ziel zu verwirklichen, bezeichnet man als Korrelationsanalyse. Mit dieser wird vor allem der Zusammenhang »zweier gleichberechtigter Merkmale«[5] ermittelt. Ferner fungiert sie als Indikator für die Intensität der Beziehung und kommt nur dann zum Einsatz, wenn die Richtung der Relation nicht bekannt oder nicht von Relevanz ist[5]. Somit lässt sich »Korrelation« im engeren Sinne wie folgt definieren:

> Die Korrelation ermittelt den **Grad der Stärke** der Abhängigkeit [6]
>
> zwischen zwei Merkmalen.

Daneben existiert zur Bestimmung der Art eines Zusammenhangs auch noch das Phänomen der Regression.[5] Innerhalb dieses Themenbereiches gibt es eine Vielzahl von

---

[1] Drosdowski, G. et al., DUDEN Deutsches Universalwörterbuch, 2. Auflage, Mannheim 1989, S. 886

[2] TIEDE, M. (1987): Statistik, Regressions-und Korrelationsanalyse, München: Oldenbourg Verlag; S. 1

[3] Vgl. TIEDE, S. 1f.

[4] Nach http://www.mathe-online.at (19.01.2004).BERGER, K.(2004): Die Korrelation von Merkmalen.
http://www.mathe-online.at/materialien/klaus.berger/files/regression/korrelation.pdf; aufgerufen am 14.08.2010

[5] Nach http://www.imbe.med.uni-erlangen.de;MUELLER, M.(2007): Korrelation.
http://www.imbe.med.uni-erlangen.de/lehre/Querschnittsbereich1/Unterlagen/; aufgerufen am 14.08.2010

[6] Grafik entnommen aus http://www.mathe-online.at(14.08.2010)

Rechenarten, auf die jedoch in dieser Arbeit nicht näher eingegangen werden soll. Obwohl die Gedankengänge und Aufgabenstellungen bei der Korrelation (»wie stark ist der Zusammenhang?«) und der Regression (»von welcher Art ist der Zusammenhang?«) verschieden sind, besteht zwischen den beiden Teilgebieten dennoch eine gewisse Beziehung. Dies führte dazu, den Korrelationsbegriff als Oberbegriff für zwei voneinander abweichende Fragestellungen in Anspruch zu nehmen.[1]

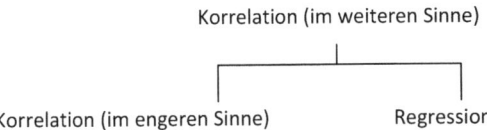

Korrelation (im weiteren Sinne)

Korrelation (im engeren Sinne)   Regression

---

[1] Vgl. FÖRSTER, E. & Rönz, B.(1979): Methoden der Korrelations- und Regressionsanalyse, Ein Leitfaden für Ökonomen, Berlin: Verlag Die Wirtschaft; S. 20f.

3 Historisches zur Korrelation

3.1 Von der Korrelationsanalyse zum Korrelationskoeffizienten

Der Begriff »Korrelation« leitet sich von dem lateinischen »co - relatio« ab und bezeichnet eine Wechselbeziehung, »das Aufeinander-bezogen-Sein von zwei Begriffen oder Dingen«.[1] Er gewann etwa in der Mitte des 19. Jahrhunderts durch Sir Francis Galton[2] (Vetter von Charles Darwin) und Karl Pearson[3] an Bedeutung.

Anfangs bediente man sich der Korrelationsanalyse insbesondere in den Naturwissenschaften, speziell in der Biologie. Später fand sie aber auch Anwendung in den Wirtschaftswissenschaften, wo sie praktische Resultate hervorrief.

Als Galton 1859 Darwins[4] »Der Ursprung der Arten« gelesen hatte, widmete er sich der Genetik. Er fragte sich, weshalb die Körpergrößen der Menschen nicht in zwei Extrema auseinanderdriften, sodass es lediglich »Zwerge« und »Riesen« gebe. Laut Darwins Theorie müssten kleine Eltern kleine Kinder und große Eltern große Kinder haben. Nach umfassenden Untersuchungen an Tieren stellte Galton die Hypothese auf, dass die Körpergrößen der Kinder stets auf das Mittelmaß komprimiert werden. Diesen Vorgang bezeichnete Galton als »Regression« und publizierte 1885 sein Werk »Die Regression in Richtung auf das allgemeine Mittelmaß bei der Vererbung der Körpergröße«. Auf dieser Erkenntnis basierend begründete er den Korrelationskoeffizienten r, der zahlenmäßig die Stärke der Korrelation festhält. Dieser wurde erst später durch seine Kollegen Bravais[5] und Pearson bekannt, nach welchen er letztlich auch benannt wurde.[6]

---

[1] http://www.wissen.de.*Wissen Media Verlag*©:München.
http://www.wissen.de/wde/generator/wissen/ressorts/bildung/index,page=1169818.html; aufgerufen am 14.08.2010
[2] * 16. Februar 1833 in Sparkbrook, Birmingham; † 17. Januar 1911 in Haslemere, Surrey; britischer Naturwissenschaftler und Schriftsteller
[3] * 27. März 1857 in London; † 27. April 1936 in Coldharbour, Surrey; britischer Mathematiker
[4] * 12. Februar 1809 in Shrewsbury; † 19. April 1882 in Downe; britischer Naturwissenschaftler
[5] * 23. August 1811 in Annonay, Frankreich; † 30. März 1863 in Le Chesnay; französischer Physiker
[6] Vgl. FÖRSTER & RÖNZ; S. 50ff.

3.2 »Groß« ist nicht gleich »groß«

Galton behauptete zunächst, dass Wörter wie »groß« und »klein« oder »leicht« und »schwer« ohne eine Beziehung zu einer Tatsache nicht sonderlich aussagekräftig seien. Es sei falsch anzuführen, dass große Männer automatisch schwerer als kleine seien, ohne davor zu definieren, was »große Männer« eigentlich sind. Für den einen mag 1,80m bereits »groß« sein, ein anderer empfindet diese Maße als »klein«. Somit sind solche Begriffe relativ und zahlenmäßig nicht eindeutig festlegbar. Um dennoch eine Verwendung für derartige Worte zu finden, setzte Galton die Bedingung voraus, dass jene nur »in bezug[sic!] auf einen wie auch immer definierten Durchschnitt gelten«[1] müssen. Demnach bedeutet »groß« in einem bestimmten Kontext nichts anderes als »größer als der Durchschnitt«, »klein« folglich »kleiner als der Durchschnitt«. Dabei spielen die Tatsächlichen Maße eine irrelevante Rolle – das eigentlich Interessante stellt die Abweichung vom Mittelmaß dar. Die Behauptung »große Männer wiegen mehr als kleine« müsste entsprechend übersetzt werden: »Überdurchschnittlich große Männer wiegen mehr als das Durchschnittsgewicht. Männer, deren Körpergröße unter dem des Mittelmaßes liegt, bringen unterdurchschnittlich viele Kilos auf die Waage.[2]« Der Durchschnittswert lässt sich hierbei mithilfe des arithmetischen Mittels berechnen.

---

[1] Nach: KRÄMER, W. (1998):Statistik verstehen. Eine Gebrauchsanweisung. 3. Auflage. Frankfurt/Main:Campus Verlag; S. 185
[2] Vgl. KRÄMER; S. 185

4 Der BRAVAIS-PEARSON-KORRELATIONSKOEFFIZIENT

Voraussetzung für die Anwendung dieses Korrelationskoeffizienten, der auch EMPIRI-SCHER KORRELATIONSKOEFFIZIENT[1] bzw. PRODUKTMOMENT-KORRELATIONSKOEFFIZIENT genannt wird, ist, dass es sich bei den zu untersuchenden Variablen x und y um **zwei proportionalitätsskalierte Variablen** handelt.[2] Die Komponenten müssen quantitativ erfassbar sein und einen berechenbaren Durchschnittswert zulassen.

4.1 Berechnung des Bravais-Pearson-Korrelationskoeffizienten r – Möglichkeit 1

Im Folgenden soll anhand eines Beispiels der Bravais-Pearson-Koeffizient verdeutlicht werden. Dabei orientiert man sich an der Behauptung »Große Männer wiegen mehr als kleine«.

Untersucht wurden Körpergröße und Gewicht von 13 Männern. Diese Daten wurden in der folgenden Tabelle (Abb.1) festgehalten:

Größe (in cm)	Gewicht (in kg)
170	60
172	76
175	60
176	75
177	66
180	65
180	78

183	75
185	87
187	72
188	90
190	82
194	92
Abb.1	

---

[1] Vgl. SACHS, L. (1972): Angewandte Statistik. Methodensammlung mit R. 13. Auflage. Heidelberg: Springer-Verlag Berlin-Heidelberg; S. 102

[2] http://shop.elsevier.de(02.07.2004).ELSEVIER: Einfache Korrelationsanalyse. Produkt-Moment-Korrelation zwischen zwei proportionalitätsskalierten Merkmalen. http://shop.elsevier.de/sixcms/media.php/795/Einfache%20Korrelationsanalyse.pdf; aufgerufen am 23.08.2010

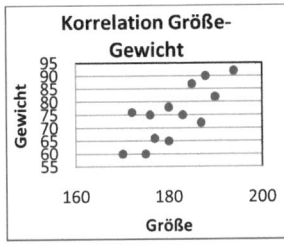

Korrelation Größe-Gewicht

Abb. 2

Die Messwerte lassen sich durch ein Diagramm veranschaulichen (Abb.2). Wie man daran erkennen kann, scheint trotz der einen oder anderen Ausnahme bei steigender Größe(x-Koordinate) auch das Gewicht(y-Koordinate) zu wachsen. Das Schaubild lässt sich also durch eine »Je mehr…, desto mehr…«-Aussage beschreiben.

Die durchschnittliche Größe $\bar{x}$ beträgt

$$\bar{x} = \frac{x_1 + x_2 + x_3 + … + x_n}{n} \; ;$$

wobei n = »Anzahl der befragten Männer«

Setzt man nun die jeweiligen Zahlenwerte in die Formel ein, erhält man für $\bar{x}$:

$$\bar{x} = \frac{170+172+175+176+177+180+180+183+185+187+188+190+194}{13} = \frac{2357}{13} = \underline{181,3}$$

Entsprechend erhält man für das durchschnittliche Gewicht $\bar{y}$

$$\bar{y} = \frac{60+76+60+75+66+65+78+75+87+72+90+82+92}{13} = \frac{978}{13} = \underline{75,2}$$

Wie man nun erkennen kann, wiegt die erste Person aus Abb.1 um $|60 - 75,2|$ also 15,2 kg weniger und ist gleichzeitig $|170 - 181,3|$, also 11,3 cm kleiner als der Durchschnitt, während der letzte Kandidat das Durchschnittsgewicht um 16,8 kg und die Durchschnittsgröße um 12,7cm übertrifft. Eine weitere Überlegung von Galton war, dass je weniger die gemessenen Daten streuen, die einzelnen Abweichungen vom Mittelwert umso gravierender sind. Dies bedeutet nichts anderes als, dass

> »eine gegebene Abweichung vom Mittelwert […] um so mehr aus dem Rahmen [fällt], je enger sich die Daten um den Mittelwert versammeln: Wenn alle Männer 80 Kilo wiegen und nur einer bringt zwei Zentner auf die Waage, wiegt das im

wahrsten Sinne des Wortes mehr, als wenn die Gewichte gleichmäßig zwischen 60 und 100 Kilo streuen. «[1]

Deshalb schlug Galton vor, sich bei den Abweichungen der einzelnen Daten an der »Standardabweichung« zu orientieren, anstatt diese in »cm« oder »kg« zu messen.[2] Die Standardabweichung bezeichnet dabei die mittlere Abweichung vom Durchschnittswert und dient der Beschreibung der Punktwertverteilung.[3]

4.1.1 Die Varianz s^2

a) „Klassische Formel"

Als Varianz wird der Quotient aus der Summe aller quadrierten Abweichungen vom Mittelwert durch die Anzahl der Versuchsobjekte bezeichnet, gemäß der Formel:[4]

$$s_x^2 = \frac{(x_1 - \bar{x})^2 + (x_2 - \bar{x})^2 + (x_3 - \bar{x})^2 + \ldots + (x_n - \bar{x})^2}{n} \quad = \quad \boxed{\frac{1}{n} \cdot \sum_{i=1}^{n} (x_i - \bar{x})^2}$$

Für die Varianz bei der Größe s_x^2 im aktuellen Beispiel ergibt sich:

$$s_x^2 = \frac{1}{13} \cdot \sum_{i=1}^{13} (x_i - \bar{x})^2 \quad = \quad \frac{(170 - 181,3)^2 + (172 - 181,3)^2 + (175 - 181,3)^2 + \ldots + (194 - 181,3)^2}{13}$$

$$= \frac{127,69 + 86,49 + 39,69 + 28,09 + 18.49 + 2 \cdot 1,69 + 2,89 + 13,69 + 32,49 + 44,89 + 75,69 + 161,29}{13}$$

$$= \frac{634,77}{13} = 48.82846154 \approx \underline{48,8}$$

Nach äquivalenter Rechnung ergibt sich für die Varianz des Gewichts s_y^2:

$$s_y^2 = \frac{1}{13} \cdot \sum_{i=1}^{13} (y_i - \bar{y})^2 \quad = \quad \frac{(60 - 75,2)^2 + (76 - 75,2)^2 + (60 - 75,2)^2 + \ldots + (92 - 75,2)^2}{13}$$

---

[1] Zitiert nach KRÄMER; S. 186
[2] Nach KRÄMER; S. 186
[3] Vgl. LOHNES, P. R. & COOLEY, W. W.(1968): Einführung in die Statistik. Beiträge zur empirischen Unterrichtsforschung. Hannover: Hermann Schroedel Verlag KG; S. 58
[4] Vgl. LOHNES & COOLEY; S. 54ff.

$$= \frac{2 \cdot 231,04 + 0,64 + 2 \cdot 0,04 + 84,64 + 104,04 + 7,84 + 139,24 + 10,24 + 219,04 + 46,24 + 282,24}{13}$$

$$= \frac{1356,32}{13} = 104,3323077 \approx \underline{104,3}$$

b) Vereinfachte Formel

Die folgende Formel basiert auf der Umformung der ersten Variante.

$$s_x^2 = \frac{1}{n} \cdot \sum_{i=1}^{n} (x_i - \bar{x})^2 \xRightarrow{\text{binomische Formel}} \frac{1}{n} \cdot \sum_{i=1}^{n} (x_i^2 + \bar{x}^2 - 2\bar{x}x_i)$$

$$= \frac{1}{n} \cdot \left(\sum_{i=1}^{n} x_i^2 + \sum_{i=1}^{n} \bar{x}^2 - \sum_{i=1}^{n} 2\bar{x}x_i \right)$$

Da die Klammer $(x_i - \bar{x})^2$ insgesamt n mal addiert wird und jedes Mal der Durchschnittswert $\bar{x}$, der immer den gleichen Zahlenwert besitzt, darin vorkommt, muss es diesen auch n mal geben. Deshalb lässt sich für die Summe aller quadrierten Mittelwerte $\bar{x}^2$ schreiben:

$$\sum_{i=1}^{n} (\bar{x})^2 = n \cdot (\bar{x})^2$$

Setzt man die obige Rechnung fort, ergibt sich:

$$s_x^2 = \frac{1}{n} \left(\sum_{i=1}^{n} x_i^2 + \sum_{i=1}^{n} \bar{x}^2 - \sum_{i=1}^{n} 2\bar{x}x_i \right) = \frac{1}{n} \left(\sum_{i=1}^{n} x_i^2 + n \cdot \bar{x}^2 - 2\bar{x} \sum_{i=1}^{n} x_i \right)$$

Der Mittelwert $\bar{x}$ lässt sich durch Anwendung des arithmetischen Mittels auf die vorhandenen x-Werte berechnen: $\bar{x} = \frac{1}{n} \cdot \sum_{i=1}^{n} x_i$

Ersetzt man den Durchschnittswert $\bar{x}$ durch diese Umformung, so gilt:

$$s_x^2 = \frac{1}{n} \cdot \left(\sum_{i=1}^{n} x_i^2 + n \cdot \left(\frac{\sum x_i}{n} \right)^2 - 2 \left(\frac{\sum x_i}{n} \right) \cdot \sum_{i=1}^{n} x_i \right)$$
Zusammenfassen von den beiden $\sum x_i$

$$= \frac{1}{n} \cdot \left(\sum_{i=1}^{n} x_i^2 + n \cdot \left(\frac{\sum x_i}{n} \right)^2 - 2 \frac{(\sum x_i)^2}{n} \right)$$
Umformen der Klammer $\left(\frac{\sum x_i}{n} \right)^2$

$$= \frac{1}{n} \cdot \left(\sum_{i=1}^{n} x_i^2 + n \cdot \frac{(\sum x_i)^2}{n^2} - 2 \frac{(\sum x_i)^2}{n} \right)$$
Kürzen von $n \cdot \frac{(\sum x_i)^2}{n^2}$

$$= \frac{1}{n} \cdot \left(\sum_{i=1}^{n} x_i^2 + \frac{(\sum x_i)^2}{n} - 2 \frac{(\sum x_i)^2}{n} \right)$$
Subtrahieren: $\frac{(\sum x_i)^2}{n} - 2 \frac{(\sum x_i)^2}{n}$

$$= \frac{1}{n} \cdot \left(\sum_{i=1}^{n} x_i^2 - \frac{(\sum x_i)^2}{n} \right)$$
Ausmultiplizieren der Klammer

$$= \frac{\sum x_i^2}{n} - \frac{(\sum x_i)^2}{n^2}$$
Umformen des Bruches $\frac{(\sum x_i)^2}{n^2}$

$$= \frac{\sum x_i^2}{n} - \left(\frac{\sum x_i}{n} \right)^2$$
$\left(\frac{\sum x_i}{n} \right) = \bar{x}; \quad \frac{\sum x_i^2}{n} = \overline{x^2}$ = durchschnittliches Quadrat aller x-Werte

$$= \overline{x^2} - \bar{x}^2 \qquad \boxed{s_x^2 = \overline{x^2} - \bar{x}^2} \quad [1]$$

---

[1] Vgl. LOHNES & COOLEY; S. 56

4.1.2 Die Standardabweichung

Sie entspricht der Quadratwurzel der *Varianz* $s_x{}^2$:

$$s_x = \sqrt{s_x{}^2} \qquad [1]$$

Hier wird die Notwendigkeit des vorherigen Kapitels deutlich: Um die Standardabweichung berechnen zu können, muss vorher die Varianz bekannt sein.

Für die Standardabweichung der Größe s_x gilt:

$$s_x = \sqrt{s_x{}^2} = \sqrt{48,8} = 6,985699679 \approx \underline{6,99}$$

Für die Standardabweichung des Gewichts s_y ergibt sich:

$$s_y = \sqrt{s_y{}^2} = \sqrt{104,3} = 10,21273715 \approx \underline{10,21}$$

4.1.3 Die Standardisierung der gemessenen Größen

Die beiden Werte s_x und s_y werden nun als Maß für die mittlere Abweichung genommen, an welcher sich die gemessenen Abweichungen x_n und y_n orientieren sollen. Dabei werden die Messdaten standardisiert, indem sie als Vielfache der Standardabweichung ausgedrückt werden.[2] Die Umrechnung in die standardisierte Größe X_i erfolgt dabei auf Basis der folgenden Funktion:

$$f: x_i \to X_i; \quad x_i \mapsto \frac{x_i - \bar{x}}{s_x}; \quad \text{(wobei } \bar{x} \text{ und } s_x \text{ bereits als ausgerechte Werte vorliegen)}$$

Der erste Kandidat der Tabelle in Abb. 1 hat eine Größe von 170cm; das entspricht umgerechnet:

$$X_1 = \frac{x_1 - \bar{x}}{s_x} = \frac{170 - 181,3}{6,99} = \frac{-11,3}{6,99} = -1,616595136 \approx \underline{-1,62}$$

Seine Größe weicht also um 1,62 Standardabweichungen von dem Durchschnittswert

---

[1] Vgl. MÜLLER, A.(1991): Abitur-Training Mathematik/Stochastik. Leistungskurs Grundlagen und Aufgaben mit Lösungen. Auflage 2008. Freising: STARK Verlagsgesellschaft mbH & Co. KG; S. 40
[2] Vgl. KRÄMER; S. 187

ab. Das negative Vorzeichen deutet darauf hin, dass sich der Wert *unterhalb* des Durchschnittswertes befindet.

Entsprechend erhält man für das Gewicht nach der Formel $Y_i = \dfrac{y_i - \bar{y}}{s_y}$:

$$Y_1 = \frac{y_1 - \bar{y}}{s_y} = \frac{60 - 75,2}{10,21} = \frac{-15,2}{10,21} = \text{-}1,488736533 \approx \underline{-1,49}$$

Das Gewicht liegt um 1,49 Standardabweichungen unter dem Durchschnittswert $\bar{y}$.[1]

Auf diese Art lassen sich alle Werte aus Abb. 1 standardisieren. Die folgende Tabelle (Abb. 3) zeigt die standardisierten Werte aller gemessenen Gewichte und Größen auf zwei Dezimale gerundet:

Kandidat i	Größe x_i	Stand. Größe X_i	Gewicht y_i	Stand. Gewicht Y_i
1	170	-1,62	60	-1,49
2	172	-1,33	76	0,08
3	175	-0,90	60	-1,49
4	176	-0,76	75	-0,02
5	177	-0,62	66	-0,90
6	180	-0,19	65	-1,00
7	180	-0,19	78	0,27
8	183	0,24	75	-0,02
9	185	0,53	87	1,16
10	187	0,82	72	-0,31
11	188	0,96	90	1,45
12	190	1,24	82	0,67
13	194	1,82	92	1,65

Abb.3

Ein Vorteil von standardisierten Werten ist die Tatsache, dass diese nicht von den ursprünglich gemessenen Einheiten abhängen. Es spielt also keine Rolle, ob das Gewicht in Kilogramm, Tonnen oder Zentner gemessen wird, der standardisierte Wert bleibt dabei immer der gleiche. So kann man Punktwerte von verschiedenen Einheitsmaßen einfacher miteinander vergleichen. Aus den neu berechneten Werten lässt sich erneut ein Diagramm (Abb. 4) aufstellen, das dem ersten (Abb. 2) ähnelt:[2]

---

[1] Vgl. KRÄMER; S. 187
[2] Vgl. LOHNES & COOLEY; S. 61

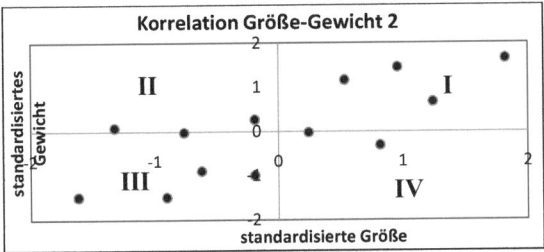

Abb. 4 [1]

Wie sich aus dem Diagramm entnehmen lässt, befinden sich die meisten Punkte ent-
weder im ersten oder dritten Quadranten. Ein positiver x-Wert zieht (meist) einen positiven y-Wert nach sich; umgekehrt lässt sich einem negativen x-Wert (meist) ein negativer y-Wert zuordnen. Bei dieser Äquivalenz spricht man von einer positiven Korrelation.

4.1.4 Berechnung des Korrelationskoeffizienten

Mit den soeben ermittelten Werten lässt sich der Bravais-Pearson-
Korrelationskoeffizient ermitteln. Er entspricht der »mittleren Fläche, welche die Punkte unseres Diagramms mit den Mittelwert-Achsen bilden«[2]. Dabei sind die Flächen im
ersten und dritten Quadranten positiv (»+« · »+« und » - « · » - «), die Flächen der
zweiten und vierten Quadranten negativ (»+« · » - « bzw. » - « · »+«). Um den Wert der
mittleren Fläche zu ermitteln, muss das arithmetische Mittel auf die Teilflächen angewendet werden. Allgemein lässt sich somit schreiben:

$$r_{xy} = \frac{X_1Y_1 + X_2Y_2 + X_3Y_3 + ... + X_nY_n}{n} = \boxed{\frac{1}{n}\sum_{i=1}^{n} X_iY_i}$$

Im obigen Beispiel ergibt sich für den Korrelationskoeffizienten:

$$r_{xy} = \frac{(-1,62)\cdot(-1,49) + (-1,33)\cdot(0,08) + (-0,90)\cdot(-1,49) + (-0,76)\cdot(-0,02) + (-0,62)\cdot(-0,90) +}{13}$$

---

[1] Diagramm entnommen aus KRÄMER; S. 188
[2] Zitiert aus: KRÄMER, W. S. 189

$$\frac{(-0,19) \cdot (-1) + (-0,19) \cdot (0,27) + (0,24) \cdot (-0,02) + (0,53) \cdot (1,16) + (0,82) \cdot (-0,31) + \dots}{(0,96) \cdot (1,45) + (1,24) \cdot 0,67 + (1,82) \cdot (1,65)}$$
$$\dots$$

$$r_{xy} = \frac{2,4138-0,1064+1,341+0,0152+0,558+0,19-0,0513-0,0048+0,6148-0,2542+}{13}$$

$$\frac{1,392+0,8308+3,003}{\dots} = \frac{9,9419}{13} = 0,764761538 \approx \underline{\underline{0,76}}$$

Der positive Wert des Ergebnisses deutet darauf hin, dass es sich um eine positive Kor-relation handelt. Da der Wert ferner der Zahl »1« sehr nahe ist, ist daraus eine mittel-starke[1] bis starke Korrelation zwischen »Körpergröße« und »Körpergewicht« zu fol-gern.

4.2 Berechnung des Bravais-Pearson-Korrelationskoeffizienten r – Mög-lichkeit 2

Meistens findet man in mathematischen Lehrbüchern jedoch eine andere Formel, die der Berechnung des Korrelationskoeffizienten dienen soll. Dabei bedient man sich der sogenannten *Kovarianz* s_{xy}.

4.2.1 Die Kovarianz

Sie unterscheidet sich von der Varianz insofern, dass die einzelnen Abweichungen der gemessenen x-Werte vom Durchschnitt nicht mit sich selbst, sondern stattdessen mit den Abweichungen der zugehörigen y-Werte vom Durchschnitts-y-Wert multipliziert

---

[1] Bewertung entnommen aus: ATHEN, H. (1968):Wahrscheinlichkeitsrechnung und Statistik. Heft 2. 3.durchgesehene Auflage. Hannover: Schroedel Verlag KG; S. 146

werden:[1]

$$s_{xy} = \frac{(x_1-\bar{x})\cdot(y_1-\bar{y}) + (x_2-\bar{x})\cdot(y_2-\bar{y})+ ...+(x_n-\bar{x})(y_n-\bar{y})}{n} \quad = \quad \frac{1}{n}\sum_{i=1}^{n}[(x_i - \bar{x})(y_i - \bar{y})]$$

Alternativ ergibt sich durch den *Verschiebungssatz nach Steiner*[2] für die Berechnung der Kovarianz:

$$s_{xy} = \frac{1}{n}\sum_{i=1}^{n} x_i y_i - \bar{x}\cdot\bar{y} \quad = \quad \overline{x_i y_i} - \bar{x}\cdot\bar{y} \quad ^3$$

4.2.2 Umformung der ersten Formel

Ausgehend von den obigen Formeln soll die gängige Form hergeleitet werden:

$$r_{xy} = \frac{X_1 Y_1 + X_2 Y_2 + X_3 Y_3 + ...+ X_n Y_n}{n} \; ; \quad X_i = \frac{x_i - \bar{x}}{s_x}$$

Ersetzt man X_i und Y_i durch $\dfrac{x_i-\bar{x}}{s_x}$ bzw. $\dfrac{y_i-\bar{y}}{s_y}$, so ergibt sich:

$$r_{xy} = \frac{\left(\frac{x_1-\bar{x}}{s_x}\right)\cdot\left(\frac{y_1-\bar{y}}{s_y}\right) + \left(\frac{x_2-\bar{x}}{s_x}\right)\cdot\left(\frac{y_2-\bar{y}}{s_y}\right) + \left(\frac{x_3-\bar{x}}{s_x}\right)\cdot\left(\frac{y_3-\bar{y}}{s_y}\right) + ...+ \left(\frac{x_n-\bar{x}}{s_x}\right)\cdot\left(\frac{y_n-\bar{y}}{s_y}\right)}{n}$$

$$= \frac{(x_1-\bar{x})\cdot(y_1- \bar{y}) + (x_2-\bar{x})\cdot(y_2- \bar{y}) + (x_3-\bar{x})\cdot(y_3- \bar{y})+ ...+(x_n-\bar{x})\cdot(y_n- \bar{y})}{s_x s_y \cdot n} =$$

$$\frac{\frac{1}{n}\sum_{i=1}^{n}(x_i-\bar{x})(y_i-\bar{y})}{s_x s_y} \quad = \quad \frac{s_{xy}}{s_x s_y}$$

---

[1] Vgl. http://wirtschaft.fh-duesseldorf.de(18.11.06). SCHMEINK, L. (2006): Korrelation Bravais-Pearson. Korrelationskoeffizient nach Bravais-Pearson. http://wirtschaft.fh-duesseldorf.de/fileadmin/dekanat/Schmeink/028_korrelationsanalyse_bravais-pearson.pdf; aufgerufen am 20.08.2010

[2] * 18. März 1796 in Utzenstorf; † 1. April 1863 in Bern; Schweizer Mathematiker

[3] Formel entnommen aus BARTH et al.(2008): Mathematische Formeln und Definitionen.8. Auflage. München: Bayerischer Schulbuchverlag GmbH; S. 109

Um die Kovarianz berechnen zu können, müssen die Abweichungen der einzelnen x-
und y-Werte vom jeweiligen Durchschnittswert bestimmt werden. Die folgende Tabelle (Abb.5) stellt die bereits ausgerechneten Abweichungen vom Mittelwert dar:

Kandidat i	Größe x_i	Abweichung vom Mittelwert $(x_i - \bar{x})$	Gewicht y_i	Abweichung vom Mittelwert $(y_i - \bar{y})$
1	170	-11,3	60	-15,2
2	172	-9,3	76	0,8
3	175	-6,3	60	-15,2
4	176	-5,3	75	-0,2
5	177	-4,3	66	-9,2
6	180	-1,3	65	-10,2
7	180	-1,3	78	2,8
8	183	1,7	75	-0,2
9	185	3,7	87	11,8
10	187	5,7	72	-3,2
11	188	6,7	90	14,8
12	190	8,7	82	6,8
13	194	12,7	92	16.8

(Abb.5)

$$s_{xy} = \frac{(x_1-\bar{x})\cdot(y_1-\bar{y}) + (x_2-\bar{x})\cdot(y_2-\bar{y})+ ...+(x_{13}-\bar{x})(y_{13}-\bar{y})}{13}$$

Setzt man die Werte ein, so ergibt sich:

$$s_{xy} = \frac{(-11,3)\cdot(-15,2)+ (-9,3)\cdot(0.8)+ (-6,3)\cdot(-15,2)+ ...+(12,7)\cdot(16,8)}{13}$$

$$= \frac{171,76-7,44+95,75+1,06+39,56+13,26-3,64-0,34+43,66-18,24+99,16+59,16+213,36}{13}$$

$$= \frac{707,07}{13} = \underline{54,39}$$

Für den Wert des Korrelationskoeffizienten erhält man damit:

$$r_{xy} = \frac{s_{xy}}{s_x s_y} = \frac{54,39}{6,99 \cdot 10,21} = \frac{54,39}{71,3679} = 0,762107334 \approx \underline{\underline{0,76}}$$

Das Ergebnis stimmt mit dem der vorherigen Rechnung zur Ermittlung des Korrelationskoeffizienten überein und bestätigt die Richtigkeit beider Rechenwege.

5 Der RANGKORRELATIONSKOEFFIZIENT NACH SPEARMAN

Um den RANGKORRELATIONSKOEFFIZIENTEN nach Spearman[1] anwenden zu können, müssen beide untersuchten Variablen **ordinalskaliert** sein, d.h. die Eigenschaft besitzen, sich natürlich anordnen zu lassen, da es bei dieser Korrelationsanalyse weniger um die Erscheinung der einzelnen Merkmale geht, sondern es allein auf die Rangordnung der einzelnen Komponente ankommt. Die Werte, die dabei in Wirklichkeit gemessen worden sind, spielen dabei eine hintergründige Rolle; sie dienen lediglich der Einstufung in die Rangordnung.[2] Tragen zwei Faktoren die gleiche Rangordnung, so wird auf diese das arithmetische Mittel angewendet und ihnen der Mittelwert der beiden Ränge zugeordnet.[3] Im folgenden Beispiel (Abb. 1) soll dieses Problem verdeutlicht werden:

Auswertung:	7	4	7	2	8	5
Rang:	4,5	2	4,5	1	6	3

Abb. 1

Die Zahlen 2,4,5,7,7,8 sollen nach ihrer Größe, beginnend mit dem kleinsten, geordnet werden. Dabei kommt jedoch der Wert 7 zweimal vor und würde sich damit auf die Ränge 4 und 5 verteilen. Da es sich betragsmäßig jedoch um exakt denselben Wert handelt, wäre es falsch zwei unterschiedliche Rangordnungen zu verleihen. Daher ordnet man diesen Werten den Mittelwert der Rangordnungen zu, auf die sie sich verteilen: $(4 + 5): 2 = 4,5$

5.1 Berechnung des Korrelationskoeffizienten nach Spearman – Möglichkeit 1

Anhand des folgenden Beispiels soll die Berechnung des Korrelationskoeffizienten nach Spearman verdeutlicht werden:

---

[1] 10. September 1863 in London; † 7. oder 17. September 1945 in London; britischer Psychologe
[2] Nach BURKSCHAT; M. et al. (2000): Beschreibende Statistik. Grundlegende Methoden. Berlin: Springer-Verlag Berlin-Heidelberg 2004; S. 277f.
[3] Vgl. SCHULZE, P.M. (2003): Beschreibende Statistik. 5. Auflage. München: Oldenbourg-Verlag: S. 130

Zwei Gutachter A und B sollen für eine Kreditversicherungsgesellschaft die Bonität von sieben Unternehmen beurteilen. Die Unternehmen werden dabei anhand eines Punkteschemas von 1 [sehr schlechte Bonität] bis 10 [sehr gute Bonität] eingestuft[1]. Das Ergebnis hält die folgende Tabelle fest:

Firma G	a	b	c	d	e	f	g
A	2	3	3	6	7	8	9
B	3	2	4	6	5	8	10

Die einzelnen Bewertungen müssen nun in eine Reihe angeordnet werden (R), wodurch sich eine neue Zahlentabelle ergibt. Gleiche Bewertungen erhalten den daraus resultierenden Mittelwert als Rangordnung. Es ergibt sich folglich:

Firma G	a	b	c	d	e	f	g
A	2	3	3	6	7	8	9
R(A)	7	5,5	5,5	4	3	2	1
B	3	2	4	6	5	8	10
R(B)	6	7	5	3	4	2	1

Mit diesen neu zugeordneten Zahlen lässt sich der Spearman´sche Korrelationskoeffizient berechnen. Die Formel, die zu dessen Ermittlung hinzugezogen werden muss lautet dabei:

$$\rho_R = 1 - \frac{6\left\{[R_1(A)-R_1(B)]^2+[R_2(A)-R_2(B)]^2+\cdots+[R_N(A)-R_N(B)]^2\right\}}{N(N^2-1)}$$

---

[1] Vgl. SCHULZE; S. 129

$$= 1 - \frac{6 \sum_{i=1}^{N} [R_i(A) - R_i(B)]^2}{N(N^2-1)} = 1 - \frac{6 \sum_{i=1}^{N} D_i^2}{N(N^2-1)}$$ [1]

Wobei $D_i = R_i(A) - R_i(B)$

Für das aktuelle Beispiel ergibt sich, wenn man die entsprechenden Werte einsetzt:

$$\rho_R = 1 - \frac{6\left[(7-6)^2 + (5,5-7)^2 + (5,5-5)^2 + \cdots + (1-1)^2\right]}{7(7^2-1)}$$

$$= 1 - \frac{6\left[1^2 + (-1,5)^2 + 0,5^2 + 1^2 + (-1)^2 + 0^2 + 0^2\right]}{7(7^2-1)}$$

$$= 1 - \frac{6(1+2,25+0,125+1+1+0+0)}{336}$$

$$= 1 - \frac{6 \cdot 5,375}{336}$$

$$= 1 - \frac{32,25}{336} \quad = 1 - 0,095982142$$

$$= 0,904017857 \approx \underline{\underline{0,9}}$$

Der Wert deutet darauf hin, dass eine starke Übereinstimmung zwischen den Bewertungen der beiden Gutachter besteht.

5.2 Berechnung des Korrelationskoeffizienten nach Spearman – Möglichkeit 2

Der Spearman´sche Korrelationskoeffizient geht zwar aus dem Produk-Moment-Korrelationskoeffizienten hervor, gründet jedoch nicht auf den wirklich gemessenen

---

[1] Vgl. SCHULZE; S. 130

Werten, sondern deren Rangordnung. Daher sehen sich die beiden Formeln auf den ersten Blick äußerst ähnlich:

Korrelationskoeffizient nach Pearson: | **Korrelationskoeffizient nach Spearman:**

$$r = \frac{\sum_{i=1}^{n}(x_i - \bar{x}) \cdot (y_i - \bar{y})}{\sqrt{\sum_{i=1}^{n}(x_i - \bar{x})^2 \cdot \sum_{i=1}^{n}(y_i - \bar{y})^2}}$$

$$r_s = \frac{\sum_{i=1}^{n}(a_i - \bar{a}) \cdot (b_i - \bar{b})}{\sqrt{\sum_{i=1}^{n}(a_i - \bar{a})^2 \cdot \sum_{i=1}^{n}(b_i - \bar{b})^2}}$$

Statt den regulär ermittelten x- und y-Werten, benutzt man zur Berechnung des Korrelationskoeffizienten nach Spearman die entsprechenden Rangwerte. Der Einfachheit wegen wurden hier für die Bezeichnungen $R_i(A)$ bzw. $R_i(B)$ die Abkürzungen a_i und b_i gewählt; entsprechend stehen $\bar{a}$ und $\bar{b}$ für $\overline{R_i(A)}$ und $\overline{R_i(B)}$.

Im vorherigen Beispiel erhält man für den Durchschnittswert $\bar{a}$ der Rangordnungen von Person A mit Hilfe des arithmetischen Mittels:

$$\bar{a} = \frac{a_1 + a_2 + a_3 + \cdots + a_7}{7}$$

$$= \frac{7+5,5+5,5+4+3+2+1}{7} = \frac{28}{7} = \underline{4}$$

Nach äquivalenter Rechnung ergibt sich für den Durchschnittswert $\bar{b}$:

$$\bar{b} = \frac{b_1 + b_2 + b_3 + \cdots + b_7}{7}$$

$$\bar{b} = \frac{6+7+5+3+4+2+1}{7} = \frac{28}{7} = \underline{4}$$

Setzt man alle Werte in die obige Formel ein, so erhält man für r_s:

$$r_s = \cfrac{\displaystyle\sum_{i=a}^{g} (a_i - \bar{a}) \cdot (b_i - \bar{b})}{\sqrt{\displaystyle\sum_{i=a}^{g} (a_i - \bar{a})^2 \cdot \sum_{i=a}^{g} (b_i - \bar{b})^2}}$$

$$= \frac{(a_a-\bar{a})\cdot(b_a-\bar{b})+ (a_b-\bar{a})\cdot(b_b-\bar{b})+ \ldots+ (a_g-\bar{a})\cdot(b_g-\bar{b})}{\sqrt{[(a_a-\bar{a})^2+ (a_b-\bar{a})^2+ ..+(a_g-\bar{a})^2]\cdot[(b_a-\bar{b})^2+ (b_b-\bar{b})^2+..+(b_g-\bar{b})^2]}}$$

$$= \frac{(7-4)\cdot(6-4)+ (5,5-4)\cdot(7-4)+ (5,5-4)\cdot(5-4)+ (4-4)\cdot(3-4)+ \ldots+(1-4)\cdot(1-4)}{\sqrt{[(7-4)^2+ (5,5-4)^2+ \ldots+ (1-4)^2]\cdot[(6-4)^2+ (7-4)^2+ \ldots+ (1-4)^2]}}$$

$$= \frac{(3)\cdot(2)+ (1,5)\cdot(3)+ (1,5)\cdot(1)+ (0)\cdot(-1)+ (-1)\cdot(0)+ (-2)\cdot(-2)+(-3)\cdot(-3)}{\sqrt{[(3)^2+ (1,5)^2+(1,5)^2 + \ldots+ (-3)^2]\cdot[(2)^2+ (3)^2+ (1)^2+\cdots+ (-3)^2]}}$$

$$= \frac{6 + 4,5 + 1,5 + 0 + 0 + 4 + 9}{\sqrt{(9 +2,25 + 2,25 + 0 + 1 + 4 + 9)\cdot(4 +9 + 1 + 1 + 0 + 4 + 9)}}$$

$$= \frac{25}{\sqrt{(27,5)\cdot(28)}} \ = \ \frac{25}{\sqrt{770}} \ = \ 0,900937462 \ \approx \underline{\underline{0,9}}$$

Der Wert stimmt etwa mit dem vorherigen Ergebnis überein, was auf die Richtigkeit der Formel hindeutet.

6   DER KONTINGENZKOEFFIZIENT C

Der Kontingenzkoeffizient findet bei der Untersuchung des Zusammenhangs zweier **nominaler Variablen** Anwendung. Dabei untersucht man Merkmale, die sich nicht eindeutig in eine Reihenfolge bringen lassen und keinen konkreten Mittelwert zulassen. Es handelt sich hier meist um Attribute von Personen oder Dingen wie etwa Farben (Augenfarbe, Haarfarbe etc.) oder Muster (Karos, Kreise etc.). Da diesen Eigenschaften keine Zahlenwerte zugeordnet werden können, orientiert man sich an den Häufigkeiten, mit denen die Merkmale auftreten.[1] Dabei kann eine Kontingenztafel nützlich sein.

6.1   Die Kontingenztafel

Eine Kontingenztafel (Abb.1) ist eine Tabelle mit p Zeilen und q Spalten, weshalb diese auch oft $p \times q$-Kontingenztafel (kurz: $p \times q$-Tafel) genannt wird. Aus einer Kontingenztafel lassen sich die absoluten Häufigkeiten ablesen, mit denen bestimmte Merkmale auftreten. Dabei entspricht die erste Spalte der x-Skala, bei der es p Werte gibt und die oberste Zeile der y-Skala, die q Werte besitzt.[2]

	y_1	y_2	...	y_q	Summe
x_1	$n_{1/1}$	$n_{1/2}$	...	$n_{1/q}$	$n_{1\bullet}$
x_2	$n_{2/1}$	$n_{2/2}$	...	$n_{2/q}$	$n_{2\bullet}$
$\vdots$	$\vdots$	$\vdots$	$\ddots$	$\vdots$	$\vdots$
x_p	$n_{p/1}$	$n_{p/2}$	...	$n_{p/q}$	$n_{p\bullet}$
Summe	$n_{\bullet 1}$	$n_{\bullet 2}$	...	$n_{\bullet q}$	n

(Abb. 1)[3]

---

[1] Vgl. SPIEGEL & STEPHENS; S. 325
[2] Vgl. BENESCH & SCHUCH; S. 69
[3] Grafik entnommen aus: BURKSCHAT; S. 243

Wie man der Tabelle entnehmen kann ist

$$n = n_{\bullet 1} + n_{\bullet 2} + n_{\bullet 3} + \dots + n_{\bullet q} = \sum_{j=1}^{q} n_{\bullet j}$$

bzw.

$$n = n_{1\bullet} + n_{2\bullet} + n_{3\bullet} + \dots + n_{p\bullet} = \sum_{i=1}^{p} n_{\bullet i}$$

Daraus wiederum folgt:

$$\sum_{i=1}^{p} n_{i\bullet} = \sum_{j=1}^{q} n_{\bullet j}$$

Die Werte von $n_{i/j}$ geben dabei die absoluten Häufigkeiten der Komponente an, bei denen die Merkmale x_i und y_j gleichzeitig auftreten, wobei $i \in \{1, 2, 3, \dots p\}$ und $j \in \{1, 2, 3, \dots q\}$.

(Abb. 2) [1]

Eine weitere Möglichkeit der Kontingenztafel ist die Darstellung der relativen Häufigkeiten bestimmter Merkmalspaare (x_i/y_j). Dabei werden die Häufigkeiten $n_{i/j}$ als Bruchteil aller untersuchten Probanden angegeben:

$$f_{i/j} = \frac{n_{i/j}}{n}$$

Ersetzt man also die absoluten Häufigkeiten bestimmter Merkmalsausprägungen durch ihre relativen Häufigkeiten, so ergibt sich für die Kontingenztafel:

[1] Grafik entnommen aus: BURKSCHAT; S. 243

	y_1	y_2	...	y_q	Summe
x_1	$f_{1/1}$	$f_{1/2}$	...	$f_{1/q}$	$f_{1\bullet}$
x_2	$f_{2/1}$	$f_{2/2}$	...	$f_{2/q}$	$f_{2\bullet}$
$\vdots$	$\vdots$	$\vdots$	$\ddots$	$\vdots$	$\vdots$
x_p	$f_{p/1}$	$f_{p/2}$	...	$f_{p/q}$	$f_{p\bullet}$
Summe	$f_{\bullet 1}$	$f_{\bullet 2}$	...	$f_{\bullet q}$	1

(Abb. 3)[1]

Entsprechend ergibt sich für die Summe aller relativer Häufigkeiten der Merkmale x_i und y_j:

$$\sum_{i=1}^{p} f_{i\bullet} = f_{1\bullet} + f_{2\bullet} + f_{2\bullet} + \dots + f_{p\bullet} = 1$$

$$\sum_{j=1}^{q} f_{j\bullet} = f_{\bullet 1} + f_{\bullet 2} + f_{\bullet 3} + \dots + f_{\bullet q} = 1$$

6.2 Die Quadratische Kontingenz χ^2 (Chi-Quadrat)

Mit Hilfe der quadratischen Kontingenz χ^2 lässt sich der Grad der Stärke des Zusammenhangs zweier nominaler Merkmale X und Y ermitteln.[2]

6.2.1 Benötigte Werte

a) Theoretische Häufigkeit e

Die theoretische Häufigkeit e entspricht zugleich der erwarteten Häufigkeit und ist der Quotient aus dem Produkt der absoluten Häufigkeit $n_{i\bullet}$ eines x_i-Merkmals und $n_{\bullet j}$ eines y_j-Merkmals durch die Anzahl aller beobachteten Wertepaare:

---

[1] Grafik entnommen aus BURKSCHAT; S. 245
[2] Vgl. SCHULZE; S. 125

$e = \dfrac{n_{i\bullet} \cdot n_{\bullet j}}{n}$, wobei wie unter 5.1 gilt: $i \in \{1, 2, ...p\}$ und $j \in \{1, 2, ..., q\}$

b) *Beobachtete Häufigkeit o* (= $n_{i/j}$)

Die beobachtete Häufigkeit o entspricht den tatsächlich gemessenen Werten $n_{i/j}$ bei denen die Werte x_i und y_j gleichzeitig auftreten. Diese Zahlen sind der Kontingenzta-belle zu entnehmen und erfordern keine weitere Umrechnung.

6.2.2 Berechnung der χ^2- Größe

Das χ^2-Quadrat ist die Summe der Quotienten aus dem Quadrat der Differenz von be-obachtetem Wert und erwartetem Wert durch den erwarteten Wert:

$$\chi^2 = \sum_{alle\ Felder} \frac{(beobachteter\ Wert - theoretischer\ Wert)^2}{theoretischer\ Wert} = \sum_{i=1}^{p}\sum_{j=1}^{q} \frac{(oij - eij)^2}{eij}$$

$$= \boxed{\sum_{i=1}^{p}\sum_{j=1}^{q} \frac{(n_{i/j} - \frac{n_{i\bullet} \cdot n_{\bullet j}}{n})^2}{\frac{n_{i\bullet} \cdot n_{\bullet j}}{n}}}$$

Am folgenden Beispiel soll die χ^2 - Größe deutlich gemacht werden:

Untersucht wurden hier 15 Erbsengewächse auf ihre Schädlingsanfälligkeit. Dabei wa-ren 3 Erbsensorten A, B und C vertreten (X-Skala). War ein Erbsengewächs mit einem Schädling befallen, so wurde es mit einem »j« versehen. Blieb es dagegen unversehrt erhielt es ein »n« (Y-Skala)[1]. Am Ende ergab sich die Auswertung:

(A/j) (B/j) (A/j) (C/j) (C/n) (A/n) (B/n) (A/n) (C/j) (A/j) (A/n) (C/n) (A/n) (B/j) (A/n)

---

[1] Vgl. BURKSCHAT; S. 247

Überträgt man dieses Ergebnis in eine Kontingenztafel, so sieht diese folgendermaßen aus (Abb. 4):

Beobachtete Häufigkeiten:	theoretische/erwartete Häufigkeiten

	j	n	
A	3	5	8
B	2	1	3
C	2	2	4
	7	8	15

(Abb. 4)[1]

	j	n	
A	$3\frac{11}{15}$	$4\frac{4}{15}$	8
B	1,4	1,6	3
C	$1\frac{13}{15}$	$2\frac{2}{15}$	4
	7	8	15

Abb. 5

Um jedoch das Chi-Quadrat berechnen zu können, müssen neben den beobachteten Häufigkeiten n_{ij} auch die theoretischen oder erwarteten Häufigkeiten e_{ij} bekannt sein, wobei $i \in \{A, B, C\}$ und $j \in \{j, n\}$. Diese können mittels der Formel $\frac{n_{i\bullet} \cdot n_{\bullet j}}{n}$ berechnet werden woraus sich die neue Kontingenztafel in Abb. 5 ergibt.

Nun sind alle nötigen Werte bekannt, die zur Berechnung des Chi-Quadrats erforderlich sind. Somit ergibt sich für die χ^2 – Größe:

$$\chi^2 = \sum_{i=A}^{C} \sum_{j=j}^{n} \frac{(n_{ij} - e_{ij})^2}{e_{ij}}$$

$$= \frac{\left[n_{(A/j)} - e_{(A/j)}\right]^2}{e_{(A/j)}} + \frac{\left[n_{(A/n)} - e_{(A/n)}\right]^2}{e_{(A/n)}} + \frac{\left[n_{(B/j)} - e_{(B/j)}\right]^2}{e_{(B/j)}} + \frac{\left[n_{(B/n)} - e_{(B/n)}\right]^2}{e_{(B/n)}} +$$

$$\frac{\left[n_{(C/n)} - e_{(C/n)}\right]^2}{e_{(C/n)}}$$

---

[1] Vg. BURKSCHAT. S. 247

$$= \frac{(3-3\frac{11}{15})^2}{3\frac{11}{15}} + \frac{(5-4\frac{4}{15})^2}{4\frac{4}{15}} + \frac{(2-1,4)^2}{1,4} + \frac{(1-1,6)^2}{1,6} + \frac{(2-1\frac{13}{15})^2}{1\frac{13}{15}} + \frac{(2-2\frac{2}{15})^2}{2\frac{2}{15}}$$

$$= \frac{(-\frac{11}{15})^2}{3\frac{11}{15}} + \frac{(\frac{11}{15})^2}{4\frac{4}{15}} + \frac{(0,6)^2}{1,4} + \frac{(-0,6)^2}{1,6} + \frac{(\frac{2}{15})^2}{1\frac{13}{15}} + \frac{(-\frac{2}{15})^2}{2\frac{2}{15}}$$

$$= \frac{\frac{121}{225}}{3\frac{11}{15}} + \frac{\frac{121}{225}}{4\frac{4}{15}} + \frac{0,36}{1,4} + \frac{0,36}{1,6} + \frac{\frac{4}{225}}{1\frac{13}{15}} + \frac{\frac{4}{225}}{2\frac{2}{15}}$$

$$= \frac{121}{840} + \frac{121}{960} + \frac{0,36}{1,4} + \frac{0,36}{1,6} + \frac{1}{105} + \frac{1}{120}$$

$$= \frac{345}{448} = 0,770089285 \approx \underline{\underline{0,77}}$$

6.2.3 Eigenschaften von χ^2

Sind zwei Merkmale stochastisch unabhängig, gilt also $n_{i/j} = e_{i/j}$, so nimmt χ^2 den Wert 0 an, da sich alle Differenzen $n_{i/j}$ - $e_{i/j}$ aufheben. Das Chi-Quadrat eignet sich jedoch nicht als Maß für einen Zusammenhang von zwei nominalen Variablen, da es unendlich große Zahlenwerte annehmen kann, die je nach »Untersuchungsfall« variieren.[1] Es kann somit keine konkrete Aussage über das Ausmaß der Korrelation getroffen werden ohne vorher das »Maximum«, die »obere Schranke«[2], die χ^2 eventuell erreichen kann, zu kennen.[3]

Um diesem Problem zu lösen, entwickelte Pearson seinen Kontingenzkoeffizienten C.

---

[1] Vgl. BENESCH & SCHUCH; S. 71
[2] Zitiert nach: BURKSCHAT et al.; S. 259
[3] Vgl. ebd. S. 259

6.3 Der Kontingenzkoeffizient nach Pearson

Der Kontingenzkoeffizient nach Pearson kann ebenfalls bei absoluter Unabhängigkeit zweier qualitativer Merkmale den Wert 0 erreichen, da für $\chi^2=0$ der Bruch und damit auch die Wurzel 0 wird. Im Gegenzug wächst der Kontingenzkoeffizient bei steigendem χ^2 zwar immer mehr und strebt dabei nach dem Wert 1, erreicht diese Zahl jedoch nie.

$$C = \sqrt{\frac{\chi^2}{n+\chi^2}}$$

$$\sqrt{\lim_{\chi^2 \to \infty} \frac{\chi^2}{n+\chi^2}} = \text{„}\sqrt{\frac{\infty}{\infty}}\text{"} = \sqrt{1} = \underline{1}^{\,1)}$$

Daher erstreckt sich der Wertebereich $\mathbb{W}$ von C „nur" von $0 \leq C < 1$. Würde man C in ein Koordinatensystem zeichnen, so hätte es bei y = 1 eine horizontale Asymptote, die gleichzeitig die obere Schranke darstellen würde. Somit kann man nicht genau sagen, wie viel bis zu einer völligen Abhängigkeit dieser Merkmale voneinander »gefehlt hätte«. Um dieses Problem wiederum zu lösen, wurde der Kontingenzkoeffizient weiterentwickelt bzw. korrigiert.

Im aktuellen Beispiel (Schadstoffe) erhält man für den Kontingenzkoeffizienten nach Pearson:

$$C = \sqrt{\frac{\chi^2}{n+\chi^2}} = \sqrt{\frac{0,77}{15+0,77}} = \sqrt{\frac{0,77}{15,77}} = 0,220968066 \approx \underline{\underline{0,22}}$$

6.4 Der korrigierte Kontingenzkoeffizient C_{korr}

Der korrigierte Kontingenzkoeffizient[2] geht aus dem Kontingenzkoeffizienten C nach Pearson hervor. Da es galt, mit diesem korrigierten Koeffizienten den Mangel des ur-

---

[1] Es handelt sich hier um einen Bruch der Form $\frac{ax^n}{bx^n}$ bei dem der größte Exponent n im Zähler auch der größte Exponent n im Nenner ist. Bei der Betrachtung des Grenzwertes gilt somit für diesen Fall: $\lim_{x \to \infty} \frac{ax^n}{bx^n} = \text{„}\frac{a}{b}\text{"}$

[2] Vgl. BURKSCHAT et. al; S. 261

sprünglichen Pearson'schen Kontingenzkoeffizienten zu beheben, kann dieser die Werte von [0;1] annehmen. Er ist definiert durch die Formel[1]:

$$C_{korr} = \frac{C}{C_{Max}}$$

Dabei ist C_{Max} der größtmöglichste Wert, den C jemals (bei einer Untersuchung) erreichen kann.

Der korrigierte Kontingenzkoeffizient stellt daher lediglich eine Normierung des Kontingenzkoeffizienten nach Pearson dar. Dieser wird als Bruchteil des maximalen Wertes, den er erreichen kann, angegeben, sodass er bei einer völligen Abhängigkeit zweier nominaler Merkmale auch den Wert 1 annehmen kann.

C_{Max} lässt sich mithilfe der Formel $C_{Max} = \sqrt{\frac{i-1}{i}}$ berechnen, wobei i = Min(p; q), d.h. man wählt für i immer den kleineren Wert der Anzahl an Spalten oder Zeilen. Im obigen Beispiel liegt eine Kontingenztafel mit p = 3 Zeilen und q = 2 Spalten vor. Da 2 < 3 ist, wählt man für i den Wert 2. Damit ergibt sich in unserem Beispiel für C_{Max}:

$$C_{Max} = \sqrt{\frac{i-1}{i}} = \sqrt{\frac{2-1}{2}} = \underline{\sqrt{\frac{1}{2}}}$$

Daraus lässt sich nun der korrigierte Kontingenzkoeffizient C_{korr} berechnen:

$$C_{korr} = \frac{C}{C_{Max}} = \frac{C}{C_{Max}} = \frac{0,22}{\sqrt{0,5}} = 0,311126983 \approx \underline{\underline{0,31}}$$

Damit ergibt sich für die Korrelation zwischen der Erbsensorte und der Anfälligkeit gegenüber Schädlingen ein Kontingenzkoeffizient von $C_{Korr} = 0,31$. Aufgrund des niedrigen Wertes lässt sich daraus schließen, dass eine geringe Korrelation zwischen diesen Komponenten besteht.

---

[1] Vgl. BENESCH & SCHUCH; S. 71f.

7 DER PHI-KOEFFIZIENT ϕ

Ein Sonderfall der Kontingenztafel ist die Vierfeldertafel: Dabei gibt es sowohl für die x-wie auch für die y-Achse lediglich zwei mögliche Fälle; beide Variablen sind dichotom. Zwar würde man bei zwei nominalen Variablen den Kontingenzkoeffizienten nach Pearson anwenden, sind jedoch beide zugleich bivariat[1], kann eine vereinfachte Formel benutzt werden. Dabei handelt es sich um den sogenannten Phi-Korrelationskoeffizienten ϕ.[2] Dieser ist definiert als die Quadratwurzel des Quotienten aus Quadratischer Kontingenz χ^2 und Anzahl aller Beobachteten Werte N:

$$\phi = \sqrt{\frac{\chi^2}{N}}$$

Dabei gilt für die Quadratische Kontingenz einer Vierfeldertafel die vereinfachte Form:

	y_1	y_2	$\sum$
x_1	a_1	a_2	Nx_1
x_2	b_1	b_2	Nx_2
$\sum$	Ny_1	Ny_2	N

Abb. 1

$$\chi^2 = \frac{N(a_1 b_2 - a_2 b_1)^2}{Ny_1 \cdot Ny_2 \cdot Nx_1 \cdot Nx_2}$$ [3]

Dementsprechend ergibt sich für die Phi-Korrelation ϕ :

$$\phi = \sqrt{\frac{\chi^2}{N}} = \sqrt{\frac{\overline{N}(a_1 b_2 - a_2 b_1)^2}{\overline{N} \cdot Ny_1 \cdot Ny_2 \cdot Nx_1 \cdot Nx_2}} \xRightarrow{N \ \text{kürzen und Wurzel von } (a_1 b_2 - a_2 b_1)^2}$$

$$\phi = \frac{a_1 b_2 - a_2 b_1}{\sqrt{Ny_1 \cdot Ny_2 \cdot Nx_1 \cdot Nx_2}}$$ [4]

---

[1] *Bivariat = zweidimensional*
[2] Vgl. SCHULZE; S. 126
[3] Siehe SPIEGEL & STEPHENS; S. 324
[4] Siehe SCHULZE; S. 126

8   Der PUNKTBISERIALE KORRELATIONSKOEFFIZIENT r_{pb}

Häufig kommt es vor, dass bei den untersuchten Merkmalen eines dabei ist, das nur zwei Optionen offen hält. Meist handelt es sich dabei um gegensätzliche Erscheinungen wie etwa ja/nein, männlich/weiblich, oder schwarz/weiß. Wird eine Korrelationsanalyse mit solchen binären bzw. dichotomen Variablen Y zusammen mit einer mindestens intervall – oder proportionalitätsskalierten anderen Variable X durchgeführt, bedient man sich grundsätzlich des punktbiserialen Korrelationskoeffizienten r_{pb}.[1]

Eine entsprechende Kontingenztafel würde wie folgt aussehen:

x \ y	y_1	y_2	y_3	...	y_q	$\sum n$
0	$n_{0/1}$	$n_{0/2}$	$n_{0/3}$	...	$n_{0/q}$	$n_{0/\bullet}$
1	$n_{1/1}$	$n_{1/2}$	$n_{1/3}$	...	$n_{1/q}$	$n_{1/\bullet}$
$\sum n$	$n_{\bullet/1}$	$n_{\bullet/2}$	$n_{\bullet/3}$	...	$n_{\bullet/q}$	n

Abb.1

Die Werte 0 und 1 in der linken Spalte repräsentieren die beiden Optionen der dichotomen Variable x, während die Merkmale der y-Variable »ganz normale« Zahlenwerte erhalten.

Der Korrelationskoeffizient r_{pb} lässt sich bestimmen durch[2]:

$$r_{pb} = \frac{\overline{y_1} - \overline{y_0}}{s_y} \cdot \frac{\sqrt{n_0 n_1}}{n}$$

8.1   Berechnung des Korrelationskoeffizienten r_{pb}

Im Folgenden soll wieder anhand eines Beispiels der punktbiseriale Korrelationskoeffizient dargestellt werden.

---

[1] Vgl. http://shop.elsevier.de/sixcms/media.php/795/Einfache%20Korrelationsanalyse.pdf
[2] Siehe BURKSCHAT et. al; S 287

An einer Universität sollen 20 Studenten Übungsaufgaben bearbeiten. Wenn mehr als die Hälfte der Aufgaben erfolgreich bearbeitet worden sind, wird ein Schein ausgegeben. Es wurde hierbei untersucht, ob es einen Zusammenhang zwischen der erfolgreichen Bearbeitung bzw. der Ausstellung eines Scheines und der Bearbeitungsdauer gibt. Die befragten Studenten mussten dabei angeben, wie lange sie im Schnitt für eine Seite gebraucht haben.[1]

Dabei ergab sich die folgende Auswertung:

x \ y	0,2	0,3	0,7	0,9	1,0	1,1	1,7	2,4	2,5	2,9	3,1	3,3
0	1	1	1	1	1	1	1	1	1			
1									1	1	1	1
$\sum n$	1	1	1	1	1	1	1	1	2	1	1	1

	3,4	3,5	4,3	4,5	5,1	6,5	7,1	$\sum n$
		1						10
	1		1	1	1	1	1	10
	1	1	1	1	1	1	1	20

Dabei steht die 0 von der X-Variablen für »kein Schein« und 1 für »Schein erhalten«, während die y-Variable die Zeiten in Stunden beschreibt.[2]

Mit diesen Daten kann man die Durchschnittszeit $\bar{y}_0$ ausrechnen, welche die Studenten, die keinen Schein erhalten haben, aufgewendet haben:

$$\bar{y}_0 = \frac{y_1 + y_2 + y_3 + y_4 + y_5 + y_6 + y_7 + y_8 + y_9 + y_{14}}{n_{o/\bullet}}$$

$$= \frac{0,2 + 0,3 + 0,7 + 0,9 + 1,0 + 1,1 + 1,7 + 2,4 + 2,5 + 3,5}{10}$$

$$= \frac{14,3}{10} = \underline{1,43}$$

---

[1] Aufgabenstellung aus: BURKSCHAT et al. S. 291
[2] Daten entnommen aus: ebd. S. 291

Entsprechend ergibt sich für die Zeit $\bar{y}_1$, die erfolgreiche Studenten im Durchschnitt aufwenden mussten:

$$\bar{y}_1 = \frac{2,5 + 2,9 + 3,1 + 3,3 + 3,4 + 4,3 + 4,5 + 5,1 + 6,5 + 7,1}{10}$$

$$= \frac{42,7}{10} = \underline{4,27}$$

Als nächstes muss die Standardabweichung s_y der y-Werte berechnet werden. Wie bereits unter 3.1.2 besprochen, ist sie die Quadratwurzel der Varianz s_y^2. Um diese berechnen zu können, müssen die einzelnen Abweichungen der gemessenen Zeiten vom Durchschnittswert bekannt sein. Daher ist es notwendig zuerst diesen Mittelwert zu bestimmen:

$$\bar{y} = \frac{0,2 + 0,3 + 0,7+0,9+1,0+1,1+1,7+2,4 + 2,5 +2,5+2,9+3,1+ 3,3 + 3,4 + 3,5 + 4,3+4,5+5,1+ 6,5+7,1}{20}$$

$$= \frac{57}{20} = \underline{2,85}$$

Damit lässt sich die Varianz s_y^2 bestimmen:

$$s_y^2 = \frac{1}{20} \cdot \sum_{i=1}^{20} (y_i - \bar{y})^2 = \frac{(y_1-\bar{y})^2+ (y_2-\bar{y})^2+ (y_3-y)^2+ ...+ (y_{20}-\bar{y})^2}{20}$$

$$= \frac{(0,2-2,85)^2+(0,3-2,85)^2+ (0,7-2,85)^2 ... + (1,1-2,85)^2+ (7,1-2,85)^2}{20}$$

$$= \frac{(-2,65)^2+ (-2,55)^2+ (-2,15)^2+ (-1,95)^2+ (-1,85)^2+ (-1,75)^2+ (-1,15)^2+}{20}$$

$$\frac{(-0,45)^2+ (-0,35)^2+ (-0,35)^2+ (0,05)^2 +(0,25)^2+ (0,45)^2+ (0,55)^2+ (0,65)^2+}{...}$$

$$\frac{(1,45)^2+ (1,65)^2+ (2,25)^2+ (3,65)^2+ (4,25)^2}{...}$$

$$= \frac{7,0225 + 6,5025 + 4,6225+3,8025 + 3,4225 + 3,0625 + 1,3225 + 0,2025+ 0,1225+}{20}$$

$$\frac{\begin{array}{c}0,1225+0,0025+0,0625+0,2025+0,3025+0,4225+2,1025+2,7225+5,0625+\\ \dots \\ 13,3225+18,0625\end{array}}{\dots} = \frac{72,47}{20} = \underline{3,6235}$$

Dem zufolge ergibt sich für die Standardabweichung s_y:

$$s_y = \sqrt{s_y^2} = \sqrt{3,6235} = 1,903549316 \approx \underline{1,90}$$

Da jetzt alle notwendigen Werte zur Ermittlung des punktbiserialen Korrelationskoeffizienten bekannt sind, lassen sich die entsprechenden Zahlen in die Formel einsetzen:

$$r_{pb} = \frac{\overline{y_1}-\overline{y_0}}{s_y} \cdot \frac{\sqrt{n_0 n_1}}{n} = \frac{4,27-1,43}{1,90} \cdot \frac{\sqrt{10 \cdot 10}}{20} = \frac{2,84}{1,90} \cdot \frac{1}{2} = 0,747368421 \approx \underline{\underline{0,75}}$$

Das Ergebnis lässt darauf schließen, dass je mehr Zeit sich die Studenten beim Lösen der Aufgaben gelassen haben, sie umso erfolgreicher waren. Der Wert von $r_{pb} = 0,75$ deutet auf eine stark positive Korrelation zwischen den Merkmalen »Bearbeitungszeit« und »Schein erhalten« hin. Ein größerer y-Wert (hier: Bearbeitungsdauer) zieht meist einen größeren x-Wert (hier: Schein → 1) nach sich.

8.2 Verwandtschaft mit dem Korrelationskoeffizienten nach Pearson

Da dem dichotomen bzw. bivariaten Merkmal X (im obigen Beispiel) die Werte 0 und 1 je nach Option »künstlich« zugeordnet wurden, kann man diese Variable ebenfalls als proportionalitätsskaliert bzw. metrisch sehen. Mit den beiden Zahlenwerten lassen sich die Daten ordnen und ein Durchschnittswert - auch wenn es »nur« die Zahl 0,5 ist- lässt sich mit diesen Werten ebenfalls berechnen. Demzufolge könnte man annehmen, dass die Korrelation zwischen dem metrischen und dem dichotomen Merkmal auch mittels des Punkt-Moment-Korrelationskoeffizienten berechnet werden kann. Um dieser These nachzugehen, soll der Pearson´sche Korrelationskoeffizient auf die Aufgabenstellung von 6.1 angewendet werden.

Der Korrelationskoeffizient nach Pearson berechnet sich nach der Formel $r_{xy} = \dfrac{s_{xy}}{s_x s_y}$

Die Standardabweichung s_y der Y-Werte wurde bereits unter 6.1 berechnet. Die Rechnung ergab einen Wert von $s_y = 1{,}90$. Für die Standardabweichung der X-Werte ergibt sich nach der Rechnung mittels der *vereinfachten Varianzformel*[1]:

$$s_x = \sqrt{\overline{x_i^2} - \bar{x}^2}$$

Da x_i nur die Werte 0 oder 1 annehmen kann (dichotom!), diese aber mehrmals auftreten, nämlich x_0 genau n_0 und x_1 genau n_1 mal, müssen die Formeln für $\overline{x_i^2}$ und $\bar{x}^2$ entsprechend ersetzt werden:

$$\overline{x^2} = \frac{n_0 \cdot (x_0)^2 + n_1 \cdot (x_2)^2}{n} \quad \text{und} \quad \bar{x} = \frac{(n_0 \cdot x_0) + (n_1 \cdot x_2)}{n}$$

Da ferner gilt $x_0 = 0$ und $x_1 = 1$, ergibt sich für die beiden Durchschnittswerte:

$$\overline{x_i^2} = \frac{n_0 \cdot (0)^2 + n_1 \cdot (1)^2}{n} = \frac{n_1}{n}$$

$$\bar{x_i} = \frac{(n_0 \cdot 0) + (n_1 \cdot 1)}{n} = \frac{n_1}{n}$$

Setzt man diese Bezeichnungen in die Formel für die Standardabweichung ein, so ergibt sich für sie:

$$s_x = \sqrt{\overline{x^2} - \bar{x}^2} = \sqrt{\frac{n_1}{n} - \left(\frac{n_1}{n}\right)^2} \xRightarrow{\substack{\text{ausklammern} \\ \text{von } \frac{n_1}{n}}} \sqrt{\frac{n_1}{n}\left(1 - \frac{n_1}{n}\right)} \xRightarrow{HN\,[2]} \sqrt{\frac{n_1}{n}\left(\frac{n - n_1}{n}\right)}$$

da $n = n_0 + n_1$ und somit $n - n_1 = n_0$, folgt für s_x:

$$s_x = \sqrt{\frac{n_1}{n}\left(\frac{n - n_1}{n}\right)} = \sqrt{\frac{n_1}{n} \cdot \left(\frac{n_0}{n}\right)} = \boxed{\sqrt{\frac{n_0 \cdot n_1}{n^2}}}$$

---

[1] Siehe Kapitel 3.1.1 b)
[2] Hauptnenner

Eine weitere Größe zur Berechnung des Pearson'schen Korrelationskoeffizienten ist die Kovarianz s_{xy}. Sie berechnet sich u.a. mittels der bereits vereinfachten Formel durch das Verschiebungsgesetzt nach Steiner[1]:

$$s_{xy} = \overline{x_i y_i} - \bar{x} \cdot \bar{y}$$

$$= \frac{1}{n} \sum_{i=0}^{n} x_i y_i - \bar{x} \cdot \bar{y}$$

Da x_i lediglich die Werte 0 und 1 annehmen kann, und $\bar{x} = \dfrac{n_1}{n}$ (vgl. oben) gilt somit für die Kovarianz:

$$s_{xy} = \frac{\sum 0 \cdot y_i + \sum 1 \cdot y_i}{n} - \frac{n_1}{n} \cdot \bar{y} = \frac{1}{n} \sum y_i - \frac{n_1}{n} \bar{y} = \frac{n_1}{n} \overline{y_1} - \frac{n_1}{n} \bar{y}$$

$$= \frac{n_1}{n} \left(\overline{y_1} - \bar{y} \right)$$

Da außerdem der Durchschnitt aller y-Werte definiert ist durch

$$\bar{y} = \frac{1}{n} \sum_{i=1}^{n} y_i = \frac{1}{n} \left(\sum_{von\, x_0} y_i + \sum_{von\, x_1} y_i \right) = \frac{n_0 \overline{y_0} + n_1 \overline{y_1}}{n}$$

ergibt sich für die Kovarianz:

$$s_{xy} = \frac{n_1}{n} \left(\overline{y_1} - \frac{n_0 \overline{y_0} + n_1 \overline{y_1}}{n} \right) = \frac{n_1}{n} \left(\overline{y_1} - \frac{n_0 \overline{y_0}}{n} - \frac{n_1 \overline{y_1}}{n} \right)$$

$$= \frac{n_1}{n} \left[\overline{y_1} \left(1 - \frac{n_1}{n} \right) - \frac{n_0 \overline{y_0}}{n} \right] \overset{HN}{\Rightarrow} \frac{n_1}{n} \left[\overline{y_1} \left(\frac{n - n_1}{n} \right) - \frac{n_0 \overline{y_0}}{n} \right]$$

$$= \frac{n_1}{n} \left[\overline{y_1} \left(\frac{n_0}{n} \right) - \frac{n_0 \overline{y_0}}{n} \right]$$

$$= \frac{n_1}{n} \left[\frac{n_0}{n} \left(\overline{y_1} - \overline{y_0} \right) \right] = \frac{n_0 n_1}{n^2} \left(\overline{y_1} - \overline{y_0} \right)$$

Setzt man nun alle vereinfachten Teilformeln in die Formel für den Produkt-Moment-Koeffizienten ein, so ergibt sich für den Fall:

---

[1] Vgl. S. 21

$$r_{xy} = \frac{S_{xy}}{S_x S_y} = \frac{\frac{n_0 n_1}{n^2}(\overline{y_1} - \overline{y_0})}{\sqrt{\frac{n_0 \cdot n_1}{n^2}} \cdot S_y} \xrightarrow{k\ddot{u}rzen} \frac{\sqrt{\frac{n_0 \cdot n_1}{n^2}} \cdot \sqrt{\frac{n_0 \cdot n_1}{n^2}} \cdot (\overline{y_1} - \overline{y_0})}{\sqrt{\frac{n_0 \cdot n_1}{n^2}} \cdot S_y}$$

$$= \sqrt{\frac{n_0 \cdot n_1}{n^2}} \cdot \frac{(\overline{y_1} - \overline{y_0})}{S_y} = r_{pb}$$

Da nun bewiesen wurde, dass $r_{xy} = r_{pb}$, lässt sich daraus folgern, dass r_{pb} die selben Eigenschaften besitzt, wie r_{xy}.[1]

---

[1] Vgl. BURKSCHAT et. al; S. 291ff.

9 Eigenschaften von r

9.1 Wertebereich von r

Der Korrelationskoeffizient r kann die Werte zwischen [-1; 1] annehmen. Je größer der Betrag von r, desto größer ist der Zusammenhang zwischen den beiden Variablen x und y.[1] Hierbei unterscheidet man fünf Fälle, auf die nun im Folgenden eingegangen wird.

9.1.1 Negative Korrelation

a) Fall 1: r = -1

Beträgt der Korrelationskoeffizient -1, so spricht man von einer vollständig negativen

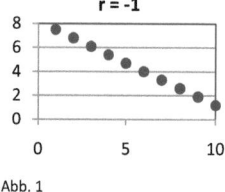

r = -1

Abb. 1

linearer Korrelation.[2] Die Punkte in dem Punktdiagramm (Abb.1) liegen dabei exakt auf einer Geraden mit negativer Steigung. Die gemessenen Werte lassen sich durch eine lineare   Funktionsgleichung y = mx + t ausdrücken, wobei m stets ein negatives Vorzeichen hat. Steigt also der Wert der einen Variablen x, so fällt der Wert der anderen Variablen y.[3] Dieser Fall ist vergleichbar mit der indirekten Proportionalität zweier Größen. Die Aussagen »Je mehr..., desto weniger« bzw. »Je weniger..., desto mehr« lassen sich auf die Messwerte anwenden.

b) Fall 2: -1 < r < 0

In diesem Fall liegt ein negativer Korrelationskoeffizient vor. Dieser besagt, dass wenn der Wert der einen Variablen x steigt, der zugehö-

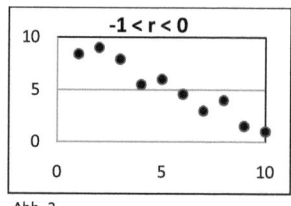

-1 < r < 0

Abb. 2

---

[1] http://www.mathe-online.at/materialien/klaus.berger/files/regression/korrelation.pdf
[2] Vgl. BENESCH, T. & SCHUCH, K. (2008): Aufgabensammlung Statistik. Aufgaben und Lösungen aus dem Bereich der beschreibenden Statistik. Wien: Linde Verlag; S. 80
[3] Vgl. FÖRSTER, E. & RÖNZ, B.; S. 24f.

rige y-Wert tendenziell fällt. Man kann hier nicht mit absoluter Sicherheit eine »Je…, desto…« -Beziehung aufbauen, da es durchaus Ausnahmen gibt, welche die Hypothese schwächen würden. Vielmehr betrachtet man das Gesamtergebnis bzw. das Punkt-Diagramm. Denkt man sich durch die Menge der Punkte eine imaginäre Gerade, so wäre deren Steigung ebenfalls negativ.

In diesen beiden Fällen spricht man neben der negativen Korrelation auch von indirekter Korrelation, Gegenläufigkeit bzw. Antagonismus.[1]

Ausnahme: Für den Kontingenzkoeffizienten C existiert die negative Korrelation nicht, da $C > 0$.

9.1.2 Positive Korrelation

a) Fall 1: r = 1

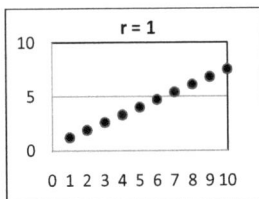

Abb. 3

Für den Korrelationskoeffizienten $r = 1$ gilt genau das Gegenteil wie für den Fall $r = -1$. Es handelt sich hierbei um eine vollständig positiv lineare Korrelation. Trägt man die gemessenen x- und y-Werte in ein Punktdiagramm ein, so liegen all diese Punkte auf einer gemeinsamen Geraden mit positiver Steigung. Die Variablen x und y sind direkt proportional zueinander, sodass sich die Aussage »Je mehr…, desto mehr« bzw. »Je weniger…, desto weniger…« darauf anwenden lässt.

b) Fall 2: 0 < r < 1

Nimmt der Korrelationskoeffizient einen Wert $r \in\ ]0;\ 1[$ an, so handelt es sich dabei um eine positive Korrelation. Der Wert sagt dabei aus, dass bei steigender Variable x, die Variable y tendenziell ebenfalls steigt. Wie unter 5.1.1- b)

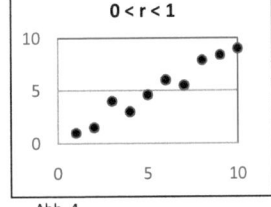

Abb. 4

---

[1] Vgl. FÖRSTER, E. & RÖNZ, B.; S. 25

muss dies jedoch keineswegs die Regel sein. Denkt man sich durch die Punktwolke im Diagramm erneut eine imaginäre Linie, so entspräche diese einer Geraden mit positiver Steigung.

9.1.3 Keine Korrelation

In diesem besonderen Fall gilt $r = 0$.

Für das Punktdiagramm gibt es hierbei auch eine Vielzahl von Möglichkeiten. Die einfachste Version wäre die Anordnung der Punkte in einer horizontalen bzw. vertikalen Gerade:

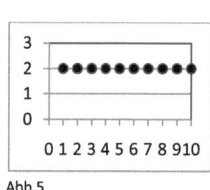

Abb.5

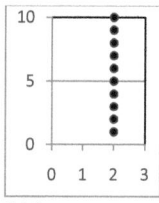

Abb.6

Abb. 9 zeigt hierbei den Fall für $x_1 = x_2 = x_3 = \ldots = x_{10} = \bar{x}$; Abb. 10 stellt das selbe für die y-Werte dar. Daneben lassen sich aber auch immer zwei oder mehr Produkte zusammenfassen, die dann wiederum Null ergeben müssen, es gibt also unendlich viele Lösungsmöglichkeiten und damit auch viele verschiedene Punktdiagramme.

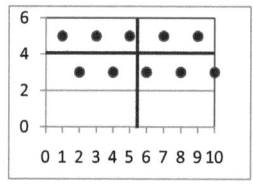

Abb. 7

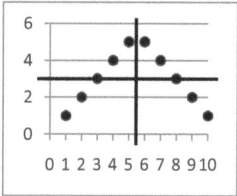

Abb. 8

In den beiden Punktdiagrammen Abb. 7 und Abb. 8 kann man sehr gut erkennen, dass zwei Variablen überhaupt nicht miteinander korrelieren, verteilt sich die Punktewolke gleichmäßig über die vier Quadranten.[1] Die eingezeichneten Linien stellen dabei den Durchschnitt für die vorhandenen x- und y-Werte dar.

9.2 Korrelation und Kausalität

Wie bereits unter »Korrelation – was ist das?« erläutert, beschreibt die Korrelations-analyse lediglich den Grad der Stärke der Korrelation zwischen zwei Variablen. Sie gibt dabei keineswegs Angaben über die gegenseitige Abhängigkeit bzw. die Ursache-Wirkung-Beziehung (Kausalität), falls es denn überhaupt eine gibt. In der Hinsicht wird die Korrelationsanalyse oftmals fehlinterpretiert. Eine Korrelation ist eine Erscheinung, der eine Kausalität zugrunde liegen **kann** und sie somit aus einer Ursache-Wirkung-Beziehung resultiert. Umgekehrt kann eine Kausalität jedoch nicht auf eine Korrelation projiziert werden.[2] Um eindeutig eine Kausalität begründen zu können, muss zunächst geklärt werden, welche Komponente die Ursache und welche die Wirkung ist.[3] Dies ist nur durch die Analyse der zu Grunde liegenden Situation sowie durch logisches Denken ermittelbar. Daher sollte dies bereits vor der Korrelationsanalyse geschehen, um Miss-deutungen zu vermeiden. Eine stark positive Korrelation zwischen »Anzahl an Haustie-ren« und »Notendurchschnitt« muss keinesfalls bedeuten, dass je mehr Haustiere ein Schüler hat, dies umso schlechtere Noten nach sich zieht. Vielmehr ist diese positive Korrelation über einen »Zwischenfaktor« zu begründen: Hat ein Schüler viele Haustie-re, muss er sich zunächst um diese kümmern, ehe er sich für die Schule vorbereiten kann. Je mehr Haustiere er also hat, desto mehr »Zeit« muss er für deren Verpflegung investieren, desto weniger »Zeit« hat er für das Lernen, desto schlechter werden seine Noten. Dieses Beispiel reflektiert den oben genannten Fall. Es besteht eine Kausalität zwischen »Anzahl der Haustiere« (Ursache) und »Notendurchschnitt« (Wirkung), die sich als positive Korrelation äußern, jedoch kann nicht explizit gesagt werden, dass der Notendurchschnitt von der Anzahl der Haustiere abhängt – jedenfalls nicht direkt. Um diese Behauptung zu ist die vorausgehende Analyse von Ursache und Wirkung not-wendig. Darüber hinaus lässt sich anhand einer Korrelation nicht eindeutig sagen, wel-

---

[1] Vgl. KRÄMER; S. 192f.
[2] Vgl. FÖRTSER & RÖNZ; S. 21
[3] Vgl. FÖRSTER & RÖNZ; S. 23

che Variable die Ursache, und welche die Wirkung ist. Ob nun der „Notendurchschnitt"
der x- oder y-Achse entspricht, spielt dabei keine Rolle, der Wert des Koeffizienten
bleibt der gleiche. Grundsätzlich kann aber nicht gesagt werden, dass vor einer Korrelationsanalyse die vorliegende Situation auf Ursache-Wirkung-Beziehungen untersucht
werden **muss**; vielmehr führt ein bestimmtes Ergebnis einer Korrelation des Öfteren
erst zu einer derartigen Überlegung.[1] Unter diesen kausalen Korrelationen unterscheidet man zwei Kategorien:

9.2.1 Die unmittelbare Korrelation

Von einer unmittelbaren Korrelation spricht man, wenn die untersuchten Variablen
direkt über eine Ursache-Wirkung-Beziehung miteinander in Verbindung stehen.[2] Die
eine Komponente bedingt dabei die andere, sodass es häufig zu starken Korrelationen
kommt. So zieht beispielsweise ein erhöhter Alkoholkonsum einen höheren Promille-
Wert nach sich. Der Verbrauch an Alkohol ist hier die Ursache, die den Promille-Wert
erhöht. Ein erhöhter Benzinverbrauch führt dazu, dass sich der Tank allmählich leert.
Bei dieser stark negativen Korrelation entspricht der sich leerende Tank der Wirkung,
die durch den Benzinverbrauch ver*ursacht* wird. Ein starker Regen ist die Ursache für
den steigenden Wasserpegel.[3] Je mehr Brände man sieht, desto mehr Feuerwehren.
Trotzdem ist bei solchen Korrelationen hinsichtlich ihrer Kausalität Vorsicht geboten:
Es muss stets klar sein, was Ursache und was Wirkung ist. Es wäre lächerlich zu be-
haupten, die Feuerwehr sei verantwortlich für das Ausbrechen von Feuer, da jeder
weiß, dass dies genau andersherum ist.[4]

---

[1] Vgl. FÖRSTER & RÖNZ; S. 23f.
[2] Vgl. FÖRSTER & RÖNZ; S. 26
[3] Vgl. BROWN, F. L. et al. (1965): Grundinhalte der Statistik. Beiträge zur empirischen
Unterrichtsforschung. 2. Auflage. London: Hermann Schroedel Verlag KG; S. 52
[4] http://www.uni-tuebingen.de. WAHL, M. (2010): Korrelation. http://www.uni-
tuebigen.de/fileadmin/Uni_Tuebingen/Fakultaeten/ChemiePharma/Institute/Pharm._Institut/Pharm_T
echnologie/Dokumente/12_Stunde_Korrelation.pdfgen.de/fileadmin/Uni_Tuebingen/Fakultaeten/Che
miePharma/Institute/Pharm._Institut/Pharm_Technologie/Dokumente/12_Stunde_Korrelation.pdf;
aufgerufen am 23.08.2010

9.2.2 Die mittelbare Korrelation

Die mittelbare Korrelation liegt dann vor, wenn zwei Faktoren indirekt miteinander verknüpft sind. Dabei spielt meist ein »logischer Umweg« über einen Zwischenschritt oder einen weiteren Faktor eine Rolle.[1] Ein Beispiel hierfür wäre die bereits angesprochene Beziehung zwischen »Anzahl der Haustiere« und »Notendurchschnitt«, bei der der Faktor »Zeit« eine Rolle spielt. Die Zahl der Haustiere entspricht dabei der Ursache für die verminderte Zeit, die wiederum die Ursache für den fehlenden Lernaufwand und damit den schlechteren Notendurchschnitt ist.

In manchen Situationen werden Fakten miteinander korreliert, die rein gar nichts miteinander zu tun haben und demnach über keinen »Umweg« in Beziehung gebracht werden können. Oft handelt es sich dabei um völlig sinnlose Korrelationen.[2] In solchen Fällen spricht man von nicht-kausaler Korrelation.

9.2.3 Die Scheinkorrelation

Bei einer Scheinkorrelation handelt es sich um die Korrelation von zwei Variablen die nicht kausal miteinander in Verbindung gebracht werden können. Meist spielt dabei eine weitere, dritte Variable eine entscheidende Rolle, an die auf den ersten Blick nicht gleich gedacht wird.[3] Häufig wird nach dem Motto »post hoc, ergo propter hoc« (lat. »danach, also deswegen«) geurteilt. Es wird dabei angenommen, dass allein die Tatsache, dass zwei Merkmale gleichzeitig erscheinen, einen kausalen Hintergrund besitzt bzw. eine Ursache-Wirkung-Beziehung zwischen diesen Merkmalen besteht. Ein Exempel ist der Zusammenhang zwischen dem »Eisverkauf« und dem »Tod durch Ertrinken«[4]. Niemand würde auf die Idee kommen, dass ein erhöhter Verkauf von Eiscreme eine höhere Sterberate durch Ertrinken hervorrufen würde. Vielmehr sind beide Tatsachen Wirkung von derselben Ursache »Hitze«. Durch höhere Temperaturen su-

---

[1] Vgl. FÖRSTER & RÖNZ; S. 26
[2] Vgl. FÖRTSER & RÖNZ; S. 28
[3] Vgl. KOSCHNICK, W. J.(1995): Management: Enzyklopädisches Lexikon. Berlin: Die Deutsche Bibliothek; S. 552
[4] Vgl. BROWN; S. 52f.

chen mehr Personen den Weg zur Eisdiele. Gleichzeitig häuft sich dabei auch die Besucheranzahl in Schwimmbädern und Stränden, wo es nicht selten zu tragischen Unfällen kommt. In diesem Fall korrelieren zwei Wirkungen miteinander, die ebenfalls nicht direkt sondern nur über die gemeinsame Ursache in Verbindung gebracht werden können. Ein weiteres Beispiel wäre die Korrelation zwischen »Körpergröße« und »Wortschatz«. Bei einer Korrelationsanalyse mit den beiden Variablen erhielt man für r einen Wert von 0,96 woraus sich ein starker Zusammenhang erschließen lässt. Allerdings handelt es sich dabei in keiner Weise um einen kausalen Zusammenhang. Stattdessen sind beide Erscheinungen mit einer dritten, nicht aufgeführten Variable »Alter« verbunden, die für beide Merkmale die Ursache darstellt.[1] Das bekannteste Beispiel für eine Scheinkorrelation ist die Beziehung zwischen der »Anzahl der Störche« und der »Geburtenrate«. Angeblich kann die Statistik »beweisen«, dass Störche Kinder bringen indem sie eine positive Korrelation dieser beiden Erscheinungen vorlegt. Tatsächlich hat dieses Phänomen einen plausiblen Hintergrund: Durch die wachsende Industrialisierung steigt die Umweltverschmutzung in städtischen Gebieten. Die Störche bevorzugen daher ländliche Regionen. Da sich immer mehr Frauen für die Karriere anstatt Kinder entscheiden, ziehen diese meist in Städte, was zu Folge hat, dass dort weniger Kinder zur Welt kommen. In ländlichen Regionen, deren Bevölkerung die familiäre Atmosphäre schätzt, ist die Geburtenzahl demnach höher.[2] Wie man anhand obiger Beispiele erkennen kann, reicht es nicht aus, einer Korrelation blindlings zu Vertrauen und daraus trügerische Schlüsse zu ziehen. Vielmehr »müssen wir sie aus dem allgemeinen Zusammenhang reißen, sie isoliert betrachten, und da erscheinen die wechselnden Bewegungen, die eine als Ursache, die andre[sic!] als Wirkung«.[3] Denn das »Wissen von Zusammenhängen, welche ohne Deutung bleiben oder gar unrichtig gedeutet werden, [ist] oft schlimmer als Nichtwissen«.[4]

---

[1] Vgl. http://www.wiso.uni-koeln.de. Neue Statistik: Scheinkorrelation. http://www.wiso.uni-koeln.de/statistik_lernmaterial/Kurs-Neue-Statistik/content/MOD_96298/html/comp_96566.html; aufgerufen am 23.08.2010

[2] http://www.univie.ac.at (18.06.2010). EBERMANN, E. (2010): Grundlagen statistischer Auswertungsverfahren. http://www.univie.ac.at/ksa/elearning/cp/quantitative/quantitative-106.html; aufgerufen am 23.08.2010

[3] Zitiert nach ENGELS, F., Dialektik der Natur, in: MARX, K. & ENGELS, F. , Werke, Band 20. Berlin: Dietz Verlag (1962), S. 151

[4] Zitiert nach FÖRSTER & RÖNZ, S. 28; mit einem Zitat aus TSCHUPROW, A. A., Grundbegriffe und Grundprobleme der Korrelationstheorie, Leipzig-Berlin 1925, S. 17f. (Moskau 1926).

9.2.4 Die Nonsens-Korrelation

Bei der Nonsens-Korrelation wird eine Korrelationsanalyse mit zwei Erscheinungen durchgeführt, die nicht das Geringste miteinander zu tun haben und auch nicht durch logisch-sachliches Nachdenken des gesunden Menschenverstandes miteinander in Verbindung gebracht werden können. Meist spielt der Faktor »Zeit« dabei wieder eine wichtige Rolle: Die Erscheinungen treten »zufällig« aufgrund ihrer zeitlich parallelen Ausbildung gleichzeitig auf, sodass durchaus eine starke Korrelation zu erwarten ist.[1] In den 60er und 70er Jahren hat man beispielsweise in Amerika eine stark negative Korrelation zwischen der Rocklänge in der Damenmode und dem Dow-Jones-Index beobachtet. Weder beeinflusst hierbei der Faktor »Rocklänge« den »Dow-Jones-Index«, noch beeinflusst der »Dow-Jones-Index« den Faktor »Rocklänge«, noch gibt es eine zentrale Ursache, die beide Erscheinungen unabhängig voneinander hervorruft. Vielmehr korrelieren diese Fakten wegen ihrer gleich**zeit**igen Entwicklung miteinander.[2] Würde man, das Alter von dem Präsidenten der Vereinigten Staaten mit dem Bevölkerungswachstum dieses Landes korrelieren, würde man ebenfalls eine positive Korrelation feststellen, was aber auch nur durch die Komponente »Zeit« zu erklären ist.

---

[1] Vgl. FÖRSTER & RÖNZ; S. 28
[2] Vgl. KRÄMER; S. 195

10 Aufgaben

10.1 Wunschalter des Partners in Kontaktanzeigen

Im Rahmen einer Untersuchung von dem Alter von 50 Männern, die Kontaktanzeigen[1] in Auftrag gaben, sowie deren persönliche Wunschalter der Partnerinnen, ergab sich die folgende tabellarische Auswertung:

Alter des Mannes	Wunschalter der Partnerin	Gewünschtes ø-Alter der P.
26	20-30	25
28	25-30	27,5
28	21-27	24
29	18-50	34
30	25-45	35
31	23-55	39
32	25-35	30
34	24-36	30
35	35-42	38,5
36	25-32	28,5
37	25-37	31
38	36-48	42
39	26-35	30,5
40	22-30	26
40	30-45	37,5
41	35-40	37,5
42	22-40	31
42	40-60	50
43	30-40	35
43	„um die 50"	50
44	25-40	32,5
44	38-50	44
44	40-55	47,5
45	40-50	45
45	22-50	36
47	40-45	42,5
47	38-52	45
48	35-45	40
48	18-50	34
48	40-45	42,5
48	40-50	45
48	20-38	29
49	40-45	42,5
50	35-55	45
50	45-50	47,5
51	45-52	48,5
51	„um die 50"	50
53	37-45	41
54	45-55	50
55	50-60	55
56	50-56	53
57	40-50	45
59	50-55	52,5
62	58-64	61
66	58-66	62
69	50-56	53
69	62-67	64,5
71	65-72	68,5
75	68-73	70,5
84	„um die 70"	70

Es soll hierbei untersucht werden, ob bei zunehmendem Alter des Mannes auch das Wunschalter der Partnerin steigt, also eine Korrelation zwischen »Alter des Herren« und »Wunschalter der Dame« besteht. Da es sich bei den beiden Merkmalen um zwei

---

[1] Daten entnommen aus: http://www.local24.de. Local24.de. Die Kleinanzeigensuche.
http://www.local24.de/kontaktanzeigen/er-sucht-sie/?sortierung=datum-
absteigend&anzeigen=100&seite=3 und http://www.fnweb.de. Fränkische Nachrichten.
http://www.fnweb.de/anzeigen/partnersuche/ergebnisse.html; aufgerufen am 24.08.2010

proportionalitätsskalierte Merkmale handelt, findet der Produkt-Moment-Korrelationskoeffizient Anwendung.

a) Bestimmung der Durchschnittswerte

Die Berechnung der Durchschnittswerte stellt das Fundament zur Bestimmung des Korrelationskoeffizienten dar. Daher ist es notwendig, das durchschnittliche Alter $\bar{x}$ der untersuchten Männer, sowie das mittlere Wunschalter $\bar{y}$ der Partnerin festzulegen. Mit Hilfe des arithmetischen Mittelst ergibt sich dann für die beiden Werte

$$\bar{x} = \frac{x_1 + x_2 + x_3 + \cdots + x_{50}}{50} = \frac{26 + 28 + 28 + \cdots + 84}{50} = \frac{2351}{50} = \underline{47,02}$$

$$\bar{y} = \frac{y_1 + y_2 + y_3 + \cdots + y_{50}}{50} = \frac{25 + 27,5 + 24 + \cdots + 70}{50} = \frac{2144,5}{50} = \underline{42,89}$$

Um weitere Rechenschritte einleiten zu können, müssen die einzelnen Abweichungen der »Alter der Männer« und »Wunschalter der Frauen« vom Durchschnittswert bekannt sein.

b) Ermittlung der Abweichungen $(x_i - \bar{x})$ bzw. $(y_i - \bar{y})$

Der Übersicht wegen wurde die obige Tabelle mit den Werten der Abweichungen ergänzt:

x	$(x_i - \bar{x})$	y	$(y_i - \bar{y})$				
				35	-12,02	38,5	-4,39
26	-21,02	25	-17,89	36	-11,02	28,5	-14,39
28	-19,02	27,5	-15,39	37	-10,02	31	-11,89
28	-19,02	24	-18,89	38	-9,02	42	-0,89
29	-18,02	34	-8,89	39	-8,02	30,5	-12,39
30	-17,02	35	-7,89	40	-7,02	26	-16,89
31	-16,02	39	-3,89	40	-7,02	37,5	-5,39
32	-15,02	30	-12,89	41	-6,02	37,5	-5,39

34	-13,02	30	-12,89	42	-5,02	31	-11,89
42	-5,02	50	7,11	50	2,98	47,5	4,61
43	-4,02	35	-7,89	51	3,98	48,5	5,61
43	-4,02	50	7,11	51	3,98	50	7,11
44	-3,02	32,5	-10,39	53	5,98	41	-1,89
44	-3,02	44	1,11	54	6,98	50	7,11
44	-3,02	47,5	4,61	55	7,98	55	12,11
45	-2,02	45	2,11	56	8,98	53	10,11
45	-2,02	36	-6,89	57	9,98	45	2,11
47	-0,02	42,5	-0,39	59	11,98	52,5	9,61
47	-0,02	45	2,11	62	14,98	61	18,11
48	0,98	40	-2,89	66	18,98	62	19,11
48	0,98	34	-8,89	69	21,98	53	10,11
48	0,98	42,5	-0,39	69	21,98	64,5	21,61
48	0,98	45	2,11	71	23,98	68,5	25,61
48	0,98	29	-13,89	75	27,98	70,5	27,61
49	1,98	42,5	-0,39	84	36,98	70	27,11
50	2,98	45	2,11				

Mit diesen Werten lässt sich die Varianz und damit auch die Standardabweichung bestimmen.

c) Berechnung der Varianzen s_x^2 und s_y^2

$$s_x^2 = \frac{1}{50} \cdot \sum_{i=1}^{50} (x_i - \bar{x})^2 = \frac{(-21,02)^2 + (-19,02)^2 + (-19,02)^2 + \dots + (36,98)^2}{50}$$

$$= \frac{441,8404 + 2 \cdot 361,7604 + 324,7204 + 289,6804 + 256,6404 + 225,6004 + 169,5204 + 144,4804 +}{50}$$

$$\frac{121,4404 + 100,4004 + 81,3604 + 64,3204 + 2 \cdot 49,2804 + 36,2404 + 2 \cdot 25,2004 + 2 \cdot 16,1604 +}{\dots}$$

$$\frac{3 \cdot 9,1204 + 2 \cdot 4,0804 + 2 \cdot 0,0004 + 5 \cdot 0,9604 + 3,9204 + 2 \cdot 8,8804 + 2 \cdot 15,8404 + 35,7604 + 48,7204 +}{\dots}$$

$$\frac{63{,}6804+80{,}6404+99{,}6004+143{,}5204+224{,}4004+360{,}2404+2{\cdot}483{,}1204+575{,}0404+}{\dots}$$

$$\frac{782{,}8804+1367{,}5204}{\dots} = \frac{8002{,}98}{50} = \underline{160{,}0596}$$

$$s_y^2 = \frac{1}{50} \cdot \sum_{i=1}^{50} (y_i - \bar{y})^2 = \frac{(-17{,}89)^2 + (-15{,}39)^2 + (-18{,}89)^2 + \dots + (27{,}11)^2}{50}$$

$$= \frac{320{,}0521+236{,}8521+356{,}8321+79{,}0321+62{,}2521+15{,}1321+\ 2{\cdot}166{,}1521+\ 19{,}2721+}{50}$$

$$\frac{207{,}0721+141{,}3721+\ 0{,}7921+\ 153{,}5121+285{,}2721+2{\cdot}29{,}0521+141{,}3721+\ 50{,}5521+}{\dots}$$

$$\frac{62{,}2521+50{,}5521+\ 107{,}9521+\ 1{,}2321+21{,}2521+\ 4{,}4521+\ 47{,}4721+\ 0{,}1521+\ 4{,}4521+}{\dots}$$

$$\frac{8{,}3521+79{,}0321+\ 0{,}1521+\ 4{,}4521+\ 192{,}9321+\ 0{,}1521+4{,}4521+\ 21{,}2521+31{,}4721+}{\dots}$$

$$\frac{50{,}5521+3{,}5721+50{,}5521+146{,}6521+102{,}2121+\ 4{,}4521+\ 92{,}3521+327{,}9721+}{\dots}$$

$$\frac{365{,}1921+\ 102{,}2121+466{,}9921+\ 655{,}8721+\ 762{,}3121+734{,}9521}{\dots} = \frac{6967{,}645}{50}$$

$$= \underline{139{,}3529}$$

d) Berechnung der Standardabweichungen s_x und s_y

$$s_x = \sqrt{s_x^2} = \sqrt{160{,}0596} = 12{,}65146632 \approx \underline{12{,}65}$$

$$s_y = \sqrt{s_y^2} = \sqrt{139{,}353} = 11{,}80478716 \approx \underline{11{,}80}$$

e) Berechnung der Kovarianz s_{xy}

Bei der Kovarianz werden die Abweichungen der einzelnen x-Werte vom Durchschnitt mit den Abweichungen der zugehörigen y-Werte vom Durchschnitt multipliziert. Diese Werte werden addiert und durch die Anzahl der Werte geteilt.

$$S_{xy} = \frac{1}{50} \sum_{i=1}^{50} (x_i - \bar{x})(y_i - \bar{y}) = \frac{(x_1-\bar{x})\cdot(y_1-\bar{y}) + (x_2-\bar{x})\cdot(y_2-\bar{y})+ ...+(x_{50}-\bar{x})(y_{50}-\bar{y})}{50}$$

$$= \frac{(-21,02)\cdot(-17,89) + (-19,02)\cdot(-15,39) + (-19,02)\cdot(-18.89) + ...+ (36,98)\cdot(27,11)}{50}$$

$$= \frac{376,0478+292,7178+359,2878+ 160,1978+134,2878 +62,3178+193,6078 +167,8278}{50}$$

$$\frac{52,7678+ 158,5778+ 119,1378+ 8,0278+99,3678+118,5678+37,8378+32,4478+}{...}$$

$$\frac{59,6878 + (-35,6922) + 31,7178 + (-28,5822)+31,3778 +(-3,3522)+(-13,9222)+}{...}$$

$$\frac{(-4,2622)+13,9178+ 0,0078+(-0,0422)+(-2,8322)+(-8,7122)+(-0,3822)+2,0678+}{...}$$

$$\frac{(-13,6122)+(-0,7722)+6,2878+13,7378+22,3278+28,2978+(-11,3022)+49,6278 +}{...}$$

$$\frac{96,6378+90,7878+21,0578+ 115,1278+ 271,2878+ 362,7078+222,2178+ 474,9878+}{...}$$

$$\frac{614,1278+772,5278+ 1002,5278}{...} = \frac{6552,61}{50} = 131,0522 \approx 131,05$$

f) Ermittlung des Korrelationskoeffizienten

Die in den vorangegangenen Schritten berechneten Werte für s_{xy}, s_x, und s_y werden in die Formel zur Berechnung des Korrelationskoeffizienten eingesetzt:

$$r_{xy} = \frac{s_{xy}}{s_x s_y} = \frac{131,05}{12,65 \cdot 11,80} = \frac{131,05}{149,27} = 0,877939304 \approx \underline{\underline{0,88}}$$

g) Deutung/ Interpretation des Ergebnisses

Der Korrelationskoeffizient r_{xy} = 0,88 steht für eine sehr starke[1] Korrelation zwischen den Variablen »Alter des Herren« und »Wunschalter der Partnerin«. Zwar lässt sich damit nicht

---

[1] Bewertung entnommen aus: Athen; S. 146

sagen, dass mit zunehmen Alter des Mannes, das Wunschalter der Dame auch steigt, jedoch ist die dieses Wunschalters stark vom Alter des Mannes abhängig.

10.2 Weiß oder Braun – wo ist mehr drin?

In der folgenden Aufgabe wurden 21 Eier auf Farbe und Gewicht untersucht. Da laut Bundesministerium für Verbraucherschutz, Ernährung und Landwirtschaft etwa 60% der deutschen Bevölkerung die braunen Eier bevorzugt[1], gilt es mit Hilfe der Korrelationsanalyse herauszufinden, ob eine Korrelation zwischen »Eierfarbe« und »Eiermasse in g« besteht. Da es sich bei dem Merkmal »Eierfarbe« um ein dichotomes Merkmal handelt (weiß oder braun) und die »Eiermasse« mit dem Gewicht (g) angegeben werden kann, also metrisch ist, wird zur Berechnung der Korrelation der punktbiseriale Korrelationskoeffizient nach Pearson verwendet.

Die Beobachtung der Eier liefert die in der Tabelle dargestellten Werte:

m	51	52	53	55	57	58,5	59	60	61	62	63	64	68	69	74,5	76	$\sum$
	1	-	-	1	2	1	1	1	4	-	-	-	-	-	-	-	11
	-	1	1	-	-	-	1	-	-	1	1	1	1	1	1	1	10
$\sum$	1	1	1	1	2	1	2	1	4	1	1	1	1	1	1	1	21

Der punktbiseriale Korrelationskoeffizient berechnet sich mit Hilfe der Formel:

$$r_{pb} = \frac{\overline{y_1} - \overline{y_0}}{s_y} \cdot \frac{\sqrt{n_0 n_1}}{n}$$

Zunächst werden die durchschnittlichen y-Werte für die weißen(x_0) und braunen(x_1) Eier bestimmt:

$$\frac{1}{11} \sum_{i=1}^{16} y_{0/i}$$

[1] http:/   .de(11.01.2006):GESUNDHEIT: Weiße oder braune Schale - welche Eier sind besser?
http:/.   .de/wissen/haetten-sie-es-gewusst/ernaehrung/weisse-oder-braune-schale-welche-eier-sind-besser; entnommen am 22.09.2010

$$\bar{y}_0 = \frac{51 + 55 + 2 \cdot 57 + 58{,}5 + 59 + 60 + 4 \cdot 61}{11} = \frac{641{,}5}{11} \approx \underline{58{,}318}$$

$$\bar{y}_1 = \frac{1}{10} \sum_{i=1}^{16} y_{1/i} = \frac{52+53+59+62+63+64+68+69+74{,}5+76}{10} = \frac{640{,}5}{10} = \underline{64{,}05}$$

Die Standardabweichung aller y-Werte ergibt sich mittels der Formel:

$$s_y = \sqrt{s_{y^2}} = \sqrt{\overline{y^2} - \bar{y}^2}$$

Um diesen Wert berechnen zu können müssen das durchschnittliche Quadrat und der Durchschnittswert aller y-Werte bekannt sein:

$$\bar{y} = \frac{1}{21} \sum_{i=1}^{16} (y_{0/i} + y_{1/i})$$

$$= \frac{51+52+53+55+2 \cdot 57+58{,}5+2 \cdot 59+60+4 \cdot 61+62+63+64+68+69+74{,}5+76}{21} = \frac{1282}{21}$$

$$\approx \underline{61{,}0476}$$

$$\overline{y^2} = \frac{1}{21} \sum_{i=1}^{16} (y_{0/i}{}^2 + y_{1/i}{}^2)$$

$$= \frac{51^2 + 52^2 + 53^2 + 55^2 + 2 \cdot 57^2 + 58{,}5^2 + 2 \cdot 59^2 + 60^2 + 4 \cdot 61^2 + 62^2 + 63^2 +}{21}$$

$$\frac{64^2 + 68^2 + 69^2 + 74{,}5^2 + 76^2}{\ldots}$$

$$= \frac{2601 + 2704 + 2809 + 3025 + 6498 + 3422{,}25 + 6962 + 3600 + 14884 + 3844 +}{21}$$

$$\frac{3969 + 4096 + 4624 + 4761 + 5550{,}25 + 5776}{\ldots}$$

$$= \frac{79125{,}5}{21} \approx \underline{3767{,}881}$$

Setzt man die errechneten Werte in die Formel für die Standardabweichung ein, so erhält man:

$$s_y = \sqrt{\overline{y^2} - \overline{y}^2} = \sqrt{\frac{79125,5}{21} - \left(\frac{1282}{21}\right)^2} = \sqrt{\frac{1661635,5 - 1643524}{441}}$$

$$= \sqrt{\frac{18111,5}{441}} = \sqrt{41,069161} \approx \underline{6,4085}$$

Für die Korrelation zwischen dem dichotomen Merkmal »Eierschale« und dem metrischen Merkmal »Masse« ergibt sich am Ende der Wert:

$$r_{pb} = \frac{\overline{y_1} - \overline{y_0}}{s_y} \cdot \frac{\sqrt{n_0 n_1}}{n}$$

$$= \frac{64,05 - 58,318}{6,4085} \cdot \frac{\sqrt{11 \cdot 10}}{21} = \frac{5,732}{6,4085} \cdot \frac{\sqrt{110}}{21} \approx 0,8944 \cdot 0,4994 \approx \underline{\underline{0,4467}}$$

Obwohl auf den ersten Blick die Eier mit der braunen Schale mehr Gewicht zu haben scheinen, liefert die Korrelationsanalyse eine schwache bis mittelmäßige Korrelation.

10.3 Schulnotenvergleich

10.3.1 Mathematik und Latein

Bei einer Untersuchung von 136 Schülernoten[1] in den Fächern Mathematik und Latein ergab sich die nachfolgende Kontingenztafel:

M \ L	1	2	3	4	5	6	$\sum$
1	8	7	2	1	-	-	18
2	1	14	16	8	-	-	39
3	1	7	14	18	1	-	41
4	-	-	4	17	11	-	32
5	-	-	-	1	4	-	5
6	-	-	-	1	-	-	1
$\sum$	10	28	36	46	16	0	136

[1] Archiv: Karl-Ernst-Gymnasium Amorbach

Der Behauptung »Wer gut in Mathe ist, ist auch gut in Latein« soll nun auf ihre Richtigkeit mithilfe der Korrelationsanalyse überprüft werden. Da es sich bei den Merkmalen »Note in Mathematik«(M) und »Note in Latein«(L) um zwei metrische Merkmale handelt, findet der Produkt-Moment-Korrelationskoeffizient von Pearson Anwendung.

a) Berechnung der Mittelwerte $\bar{M}$ und $\bar{L}$

$$\bar{M} = \frac{18 \cdot 1 + 39 \cdot 2 + 41 \cdot 3 + 32 \cdot 4 + 5 \cdot 5 + 1 \cdot 6}{136} = \frac{378}{136} = 2\frac{53}{68} \approx \underline{2{,}779}$$

$$\bar{L} = \frac{10 \cdot 1 + 28 \cdot 2 + 36 \cdot 3 + 46 \cdot 4 + 16 \cdot 5 + 0 \cdot 6}{136} = \frac{438}{136} = 3\frac{15}{68} \approx \underline{3{,}221}$$

b) Berechnung der Varianzen s_M^2 und s_L^2

$$s_M^2 = \overline{M^2} - \bar{M}^2$$

$$= \frac{18 \cdot 1^2 + 39 \cdot 2^2 + 41 \cdot 3^2 + 32 \cdot 4^2 + 5 \cdot 5^2 + 1 \cdot 6^2}{136} - \left(2\frac{53}{68}\right)^2$$

$$= \frac{1216}{136} - \frac{35721}{4624} = 1\frac{999}{4624} \approx \underline{1{,}216}$$

$$s_L^2 = \overline{L^2} - \bar{L}^2$$

$$= \frac{10 \cdot 1^2 + 28 \cdot 2^2 + 36 \cdot 3^2 + 46 \cdot 4^2 + 16 \cdot 5^2 + 0 \cdot 6^2}{136} - \left(3\frac{15}{68}\right)^2$$

$$= \frac{1582}{136} - \frac{47961}{4624} = \frac{5827}{4624} \approx \underline{1{,}260}$$

c) Berechnung der Standardabweichungen s_M und s_L

$$s_M = \sqrt{s_M{}^2} = \sqrt{1\frac{999}{4624}} \approx \underline{1{,}103}$$

$$s_L = \sqrt{s_L{}^2} = \sqrt{\frac{5827}{4624}} \approx \underline{1{,}123}$$

d) Berechnung der Kovarianz[1] s_{ML}

$$s_{ML} = \overline{M_iL_i} - \overline{M} \cdot \overline{L} \qquad \text{wobei } i \in [1; 6]$$

$$= \frac{8 \cdot 1 \cdot 1 + 7 \cdot 1 \cdot 2 + 2 \cdot 1 \cdot 3 + 1 \cdot 1 \cdot 4 + 1 \cdot 2 \cdot 1 + 14 \cdot 2 \cdot 2 + 16 \cdot 2 \cdot 3 + 8 \cdot 2 \cdot 4 + 1 \cdot 3 \cdot 1 + 7 \cdot 3 \cdot 2 + 14 \cdot 3 \cdot 3 +}{136}$$

$$\frac{18 \cdot 3 \cdot 4 + 1 \cdot 3 \cdot 5 + 4 \cdot 4 \cdot 3 + 17 \cdot 4 \cdot 4 + 11 \cdot 4 \cdot 5 + 1 \cdot 5 \cdot 4 + 4 \cdot 5 \cdot 5 + 1 \cdot 6 \cdot 4}{\ldots} - 2\frac{53}{68} \cdot 3\frac{15}{68}$$

$$= \frac{8 + 14 + 6 + 4 + 2 + 56 + 96 + 64 + 3 + 42 + 126 + 216 + 15 + 48 + 272 + 220 + 20 + 100 + 24}{136} - \frac{41391}{4624}$$

$$= \frac{1336}{136} - \frac{41391}{4624} = \frac{4033}{4624} \approx \underline{0{,}872}$$

e) Berechnung des Korrelationskoeffizienten r_{ML}

$$r_{ML} = \frac{s_{ML}}{s_M \cdot s_L}$$

$$= \frac{\frac{4033}{4624}}{\sqrt{1\frac{999}{4624}} \cdot \sqrt{\frac{5827}{4624}}} = \frac{4033 \cdot \overline{4624}}{4624 \cdot \sqrt{5623} \cdot \sqrt{5827}} = \frac{4033}{\sqrt{32765221}} \approx \underline{0{,}705}$$

Damit besteht zwischen den »Noten in Mathematik« und den »Noten in Latein« eine mittelstarke bis stark positive Korrelation.

---

[1] Die Berechnung erfolgt mittels der vereinfachten Form durch den *Verschiebungssatz nach Steiner*

10.3.2 Mathematik und Französisch

Nach gleichem Prinzip lässt sich der Zusammenhang zwischen den »Noten in Mathematik«(M) und »Noten in Französisch«(F) bestimmen. Dazu wurden 149 Schülernoten
in diesen Fächern betrachtet, woraus sich die folgende Kontingenztabelle ergab:

M \ F	1	2	3	4	5	6	$\sum$
1	4	10	2	1	-	-	17
2	2	15	18	9	-	-	44
3	-	10	25	17	1	-	53
4	-	1	13	18	1	-	33
5	-	-	-	1	1	-	2
6	-	-	-	-	-	-	0
$\sum$	6	36	58	46	3	0	149

a) Berechnung der Mittelwerte $\bar{M}$ und $\bar{F}$

$$\bar{M} = \frac{17 \cdot 1 + 44 \cdot 2 + 53 \cdot 3 + 33 \cdot 4 + 2 \cdot 5 + 0 \cdot 6}{149} = \frac{406}{149} \approx \underline{2,725}$$

$$\bar{F} = \frac{6 \cdot 1 + 36 \cdot 2 + 58 \cdot 3 + 46 \cdot 4 + 3 \cdot 5 + 0 \cdot 6}{149} = \frac{451}{149} \approx \underline{3,027}$$

b) Berechnung der Varianzen $s_M{}^2$ und $s_F{}^2$

$$s_M{}^2 = \frac{17 \cdot 1^2 + 44 \cdot 2^2 + 53 \cdot 3^2 + 33 \cdot 4^2 + 2 \cdot 5^2 + 0 \cdot 6^2}{149} - \left(\frac{406}{149}\right)^2$$

$$= \frac{1248}{149} - \frac{164836}{22201} = \frac{21116}{22201} \approx \underline{0,951}$$

$$s_F{}^2 = \frac{6 \cdot 1^2 + 36 \cdot 2^2 + 58 \cdot 3^2 + 46 \cdot 4^2 + 3 \cdot 5^2 + 0 \cdot 6^2}{149} - \left(\frac{451}{149}\right)^2$$

$$= \frac{1483}{149} - \frac{203401}{22201} = \frac{17566}{22201} \approx \underline{0,791}$$

c) Berechnung der Standardabweichungen s_M und s_F

$$s_M = \sqrt{s_M^2} = \sqrt{\frac{21116}{22201}} \approx \underline{0{,}975}$$

$$s_F = \sqrt{s_F^2} = \sqrt{\frac{17566}{22201}} \approx \underline{0{,}890}$$

d) Berechnung der Kovarianz s_{MF}

$$s_{MF} = \overline{M_i F_i} - \overline{M} \cdot \overline{F}$$

$$= \frac{4 \cdot 1 \cdot 1 + 10 \cdot 1 \cdot 2 + 2 \cdot 1 \cdot 3 + 1 \cdot 1 \cdot 4 + 2 \cdot 2 \cdot 1 + 15 \cdot 2 \cdot 2 + 18 \cdot 2 \cdot 3 + 9 \cdot 2 \cdot 4 + 10 \cdot 3 \cdot 2 + 25 \cdot 3 \cdot 3 +}{149}$$

$$\frac{17 \cdot 3 \cdot 4 + 1 \cdot 3 \cdot 5 + 1 \cdot 4 \cdot 2 + 13 \cdot 4 \cdot 3 + 18 \cdot 4 \cdot 4 + 1 \cdot 4 \cdot 5 + 1 \cdot 5 \cdot 4 + 1 \cdot 5 \cdot 5}{\dots} - \frac{406}{149} \cdot \frac{451}{149}$$

$$= \frac{4+20+6+4+4+60+108+72+60+225+204+15+8+156+288+20+20+25}{149} - \frac{183106}{22201}$$

$$= \frac{1299}{149} - \frac{183106}{22201} = \frac{10445}{22201} \approx \underline{0{,}470}$$

e) Berechnen des Korrelationskoeffizienten

$$r_{MF} = \frac{s_{MF}}{s_M \cdot s_F}$$

$$= \frac{\frac{10445}{22201}}{\sqrt{\frac{21116}{22201}} \cdot \sqrt{\frac{17566}{22201}}} = \frac{10445 \cdot 22201}{22201 \cdot \sqrt{21116} \cdot \sqrt{17566}} = \frac{10445}{\sqrt{370923656}} \approx \underline{\underline{0{,}542}}$$

Es besteht eine mittelstarke positive Korrelation zwischen den »Noten in Mathematik« und den »Noten in Französisch«.

10.3.3 Musik und Kunst

Für die Untersuchung von Schülerleistungen in den Fächern »Musik«(Mu) und »Kunst«(Ku) ergab sich die folgende Kontingenztafel:

Mu \ Ku	1	2	3	4	5	6	$\sum$
1	82	54	14	3	-	-	153
2	42	74	35	5	-	-	156
3	4	21	16	2	-	-	43
4	-	-	2	3	-	-	5
5	-	-	2	-	-	-	2
6	-	-	-	-	-	-	0
$\sum$	128	149	69	13	0	0	359

a) Berechnung der Mittelwerte $\overline{Mu}$ und $\overline{Ku}$

$$\overline{Mu} = \frac{153\cdot1 + 156\cdot2 + 43\cdot3 + 5\cdot4 + 2\cdot5}{359} = \frac{624}{359} \approx \underline{1{,}738}$$

$$\overline{Ku} = \frac{128\cdot1 + 149\cdot2 + 69\cdot3 + 13\cdot4}{359} = \frac{685}{359} \approx \underline{1{,}908}$$

b) Berechnung der Varianzen s_{Mu}^2 und s_{Ku}^2

$$s_{Mu}^2 = \frac{153\cdot1^2 + 156\cdot2^2 + 43\cdot3^2 + 5\cdot4^2 + 2\cdot5^2}{359} - \left(\frac{624}{359}\right)^2 = \frac{1294}{359} - \frac{389376}{128881}$$

$$= \frac{75170}{128881} \approx \underline{0{,}583}$$

$$s_{Ku}^2 = \frac{128\cdot1^2 + 149\cdot2^2 + 69\cdot3^2 + 13\cdot4^2}{359} - \left(\frac{685}{359}\right)^2 = \frac{1553}{359} - \frac{469225}{128881}$$

$$= \frac{88302}{128881} \approx \underline{0{,}685}$$

c) *Berechnung der Standardabweichungen* s_{Mu} *und* s_{Ku}

$$s_{Mu} = \sqrt{s_{Mu}{}^2} = \sqrt{\frac{75170}{128881}} \approx \underline{0,764}$$

$$s_{Ku} = \sqrt{s_{Ku}{}^2} = \sqrt{\frac{88302}{128881}} \approx \underline{0,828}$$

d) *Berechnung der Kovarianz* s_{MuKu}

$$s_{MuKu} = \frac{82 \cdot 1 \cdot 1 + 54 \cdot 1 \cdot 2 + 14 \cdot 1 \cdot 3 + 3 \cdot 1 \cdot 4 + 42 \cdot 2 \cdot 1 + 74 \cdot 2 \cdot 2 + 35 \cdot 2 \cdot 3 + 5 \cdot 2 \cdot 4 + 4 \cdot 3 \cdot 1 + 21 \cdot 3 \cdot 2 +}{359}$$

$$\frac{16 \cdot 3 \cdot 3 + 2 \cdot 3 \cdot 4 + 2 \cdot 4 \cdot 3 + 3 \cdot 4 \cdot 4 + 2 \cdot 5 \cdot 3}{\ldots} - \frac{624}{359} \cdot \frac{685}{359}$$

$$= \frac{82+108+42+12+84+296+210+40+12+126+144+24+24+48+30}{359} - \frac{427440}{128881}$$

$$= \frac{1282}{359} - \frac{427440}{128881} = \frac{32798}{128881} \approx \underline{0,254}$$

e) *Berechnung des Korrelationskoeffizienten* p_{MuKu}

$$p_{MuKu} = \frac{s_{MuKu}}{s_{Mu} \cdot s_{Ku}}$$

$$= \frac{\dfrac{32798}{128881}}{\sqrt{\dfrac{75170}{128881}}\sqrt{\dfrac{88302}{128881}}} = \frac{32798 \cdot 128881}{128881 \cdot \sqrt{6637661340}} = \frac{32798}{\sqrt{6130454652}} \approx \underline{\underline{0,4}}$$

Zwischen den »Noten in Musik« und den »Noten in Kunst« besteht ein schwacher bis mittelstarker positiver Zusammenhang.

10.4 Würmer und Äpfel

»Biobauer Boskopp erntet Äpfel: 30% davon sind ohne Beanstandung: Sie haben weder Flecken(F) noch ein Wurmloch(W), 5% der Ernte weisen leider beide Fehler auf. Unter den fleckenlosen Äpfeln besitzen 25% ein Wurmloch.« [1]

Gibt es einen Zusammenhang zwischen den Merkmalen »Flecken« und »Wurmloch«?

a) Berechnen der relativen Häufigkeiten

Aus dem Text können bereits die Werte für $P(W \cap F)$ und $P(\overline{W} \cap \overline{F})$ entnommen werden:

$P(W \cap F)= 5\% = 0,05$

$P(\overline{W} \cap \overline{F})= 30\% = 0,3$

»Unter den fleckenlosen Äpfeln besitzen 25% ein Wurmloch« ⇒ 75% unter den fleckenlosen Äpfeln haben **kein** Wurmloch ⇒

75% von $P(\overline{F}) = P(\overline{W} \cap \overline{F})$

$0,75 \cdot P(\overline{F}) = P(\overline{W} \cap \overline{F}) \xrightarrow{nach\ P(\overline{F})\ auflösen}$

$P(\overline{F}) = \dfrac{P(\overline{W} \cap \overline{F})}{0,75} = \dfrac{0,3}{0,75} = \underline{0,4}$

	W	$\overline{W}$	
F	**0,05**	$P(\overline{W} \cap F)$	$P(F)$
$\overline{F}$	$P(W \cap \overline{F})$	**0,3**	**0,4**
	$P(W)$	$P(\overline{W})$	1

Damit lassen sich die restlichen Werte berechnen, mit denen man die Vierfeldertafel ergänzen kann:

$P(F) = 1- P(\overline{F}) = 1-0,4 = \underline{0,6}$

$P(W \cap \overline{F}) = P(\overline{F})- P(\overline{W} \cap \overline{F}) = 0,4 -0,3 = \underline{0,1}$

$P(\overline{W} \cap F) = P(F)- P(W \cap F) = 0,6 - 0,05 = \underline{0,55}$

$P(\overline{W}) = P(\overline{W} \cap F) + P(\overline{W} \cap \overline{F}) = 0,55 + 0,3 = \underline{0,85}$

$P(W) = 1 - P(\overline{W}) = 1 - 0,85 = \underline{0,15}$

	W	$\overline{W}$	
F	**0,05**	0,55	0,6
$\overline{F}$	0,1	**0,3**	0,4
	0,15	0,85	1

---

[1] Aufgabe entnommen von. STAPF, H.(2010): TEST: Bedingte Wahrscheinlichkeit. LK Mathematik 12/2.

b) Berechnung der Korrelation

Da es sich um eine Vierfeldertafel mit zwei nominalen, dichotomen Merkmalen handelt, bedarf es zur Ermittlung der Korrelation des Phi-Koeffizienten ϕ:

$$\phi = \frac{a_1 b_2 - a_2 b_1}{\sqrt{Ny_1 \cdot Ny_2 \cdot Nx_1 \cdot Nx_2}}$$

$$= \frac{0,05 \cdot 0,3 - 0,55 \cdot 0,1}{\sqrt{0,15 \cdot 0,85 \cdot 0,6 \cdot 0,4}} = \frac{-0,04}{\sqrt{0,0306}} = -0,19806478 \approx \underline{\underline{-0,2}}$$

Es besteht eine schwach negative Korrelation zwischen den Merkmalen »Apfel mit Flecken« und »Wurmloch«.

Die Wahrscheinlichkeit dafür, dass ein befleckter Apfel einen Wurm enthält ist:

$$P_F(W) = \frac{P(F \cap W)}{P(F)} = \frac{0,05}{0,6} = \frac{1}{12}$$

Und dafür, dass ein Apfel ohne Flecken einen Wurm enthält:

$$P_{\bar{F}}(W) = \frac{P(\bar{F} \cap W)}{P(\bar{F})} = \frac{0,1}{0,4} = \frac{1}{4}$$

Es ist also viel wahrscheinlicher, dass man einen Wurm in einem von außen unversehrten Apfel vorfindet. Offensichtlich bevorzugen Würmer diese, was die negative Korrelation zwischen den beiden Merkmalen erklären könnte.

10.5 Lieblingsfarbe und Lieblingssorte bei RitterSport[1]

Bei einer Umfrage[2] an der Frankfurter U-Bahn-Station »Hauptwache« wurden über 600 Passanten nach ihrer »Lieblingsfarbe« (Abb. 1)[3] und daraufhin nach ihrer »Lieblingssorte« (Abb. 2) von [Ritter SPORT logo] gefragt. Es gilt mithilfe der Daten herauszufinden, ob eine Korrelation zwischen diesen Komponenten besteht.

Abb. 1

---

[2] Umfrage vom 09.09.2010; Frankfurt Hauptwache.
[3] Originalfarben der RitterSport-Schokoladenverpackungen

J

WVN

KF

Cap

VE

M

RTN

HB

EB

EJ

AM

VM

N

PM

DVM

GM

VN

KK

TN

MAC

(Abb.2)[1]

---

[1] Original RitterSport-Verpackungen;
Abkürzungen entnommen von: RitterSport-Sammelpass(2009): Sammelpass für RitterSport-Poloshirts.
Alfred Ritter GmbH & Co.KG

Die Befragung der Personen lieferte das folgende Ergebnis:

(17/VN)	(11/RTN)	(6/VM)	(19/VN)	(13/VN)	(11/J)	(14/WVN)
(7/N)	(16/J)	(10/EJ)	(5/VE)	(11/WVN)	(5/VE)	(14/VE)
(13/RTN)	(15/EJ)	(6/WVN)	(3/KF)	(15/RTN)	(5/Cap)	(14/KF)
(16/VM)	(2/AM)	(14/WVN)	(9/GM)	(12/RTN)	(9/J)	(14/KK)
(16/M)	(11/VN)	(6/RTN)	(9/WVN)	(9/EB)	(9/WVN)	(11/VN)
(18/AM)	(11/TN)	(6/VM)	(2/KK)	(15/VN)	(8/WVN)	(9/VM)
(20/MAC)	(11/RTN)	(14/VM)	(20/VN)	(9/MAC)	(15/KF)	(9/VN)
(15/N)	(9/HB)	(10/VE)	(12/KK)	(15/M)	(16/KF)	(9/EB)
(11/J)	(15/TN)	(12/WVN)	(9/TN)	(9/VN)	(14/TN)	(13/KF)
(12/VE)	(14/PM)	(16/J)	(11/AM)	(14/J)	(15/WVN)	(11/AM)
(11/TN)	(14/N)	(14/KF)	(16/J)	(10/VN)	(8/KK)	(14/KK)
(15/VM)	(12/HB)	(9/VN)	(14/HB)	(8/EJ)	(14/AM)	(9/EJ)
(6/Cap)	(9/J)	(10/PM)	(9/WVN)	(6/VN)	(11/M)	(16/M)
(9/N)	(9/EJ)	(6/VM)	(3/RTN)	(11/AM)	(14/PM)	(9/VN)
(16/HB)	(15/N)	(12/Cap)	(15/VN)	(10/VN)	(18/VM)	(9/WVN)
(3/VM)	(11/AM)	(10/J)	(14/VN)	(11/AM)	(2/WVN)	(15/WVN)
(16/VN)	(15/HB)	(13/MAC)	(14/WVN)	(6/M)	(10/EB)	(12/VM)
(14/PM)	(6/KK)	(7/TN)	(14/VN)	(12/EJ)	(10/EJ)	(6/J)
(8/HB)	(15/J)	(9/VN)	(11/VE)	(15/VN)	(20/M)	(12/KF)
(10/EJ)	(10/VE)	(10/RTN)	(5/M)	(7/M)	(16/VM)	(15/WVN)
(8/HB)	(15/M)	(15/DVM)	(9/KK)	(10/GM)	(12/WVN)	(11/M)
(4/VN)	(14/J)	(10/EJ)	(6/TN)	(9/EB)	(9/WVN)	(16/GM)
(8/J)	(3/WVN)	(1/TN)	(5/M)	(15/EB)	(15/DVM)	(2/WVN)
(11/AM)	(6/KF)	(11/N)	(3/EB)	(6/VM)	(8/RTN)	(4/RTN)
(9/J)	(11/TN)	(6/VM)	(16/Cap)	(11/N))	(12/EJ)	(18/Cap)
(15/TN)	(10/TN)	(10/WVN)	(7/VN)	(15/N)	(9/WVN)	(6/M)
(14/WVN)	(8/KK)	(10/WVN)	(7/MAC)	(7/TN)	(9/J)	(15/VN)
(17/Cap)	(11/GM)	(9/J)	(11/PM)	(12/TN)	(12/N)	(12/KK)
(19/KK)	(5/VE)	(11/GM)	(11/M)	(8/WVN)	(11/EJ)	(12/KF)

(20/KF)	(15/PM)	(6/AM)	(16/M)	(18/KK)	(8/EB)	(5/VM)
(9/WVN)	(7/RTN)	(7/PM)	(20/KK)	(11/WVN)	(11/EJ)	(16/KK)
(9/HB)	(6/AM)	(7/KK)	(15/KK)	(15/PM)	(15/KF)	(12/KK)
(3/DVM)	(13/J)	(11/VM)	(15/DVN)	(12/VM)	(6/EB)	(12/VN)
(16/M)	(15/VM)	(9/KK)	(15/J)	(11/VN)	(3/TN)	(3/KK)
(3/N)	(1/VN)	(9/KK)	(8/KK)	(12/RTN)	(11/AM)	(17/VN)
(15/VM)	(1/N)	(12/N)	(16/VM)	(20/KK)	(15/VM)	(10/TN)
(12/TN)	(15/Cap)	(20/Cap)	(15/WVN)	(14/N)	(11/KF)	(12/VN)
(15/KF)	(3/VE)	(12/N)	(14/J)	(11/WVN)	(11/EB)	(5/GM)
(12/MAC)	(14/KK)	(11/J)	(11/AM)	(10/KK)	(11/N)	(8/HB)
(15/M)	(12/VM)	(12/J)	(9/KF)	(12/VN)	(14/DVM)	(8/M)
(10/VN)	(10/EJ)	(11/KK)	(10/J)	(10/M)	(11/PM)	(11/VE)
(14/VN)	(3/J)	(9/EJ)	(8/KK)	(14/KF)	(11/AM)	(12/VM)
(12/VM)	(10/EJ)	(9/VN)	(6/VM)	(16/N)	(13/VN)	(6/M)
(13/TN)	(11/HB)	(12/VN)	(14/EJ)	(9/WVN)	(2/GM)	(11/N)
(12/EJ)	(11/AM)	(15/J)	(11/EB)	(8/MAC)	(5/M)	(8/J)
(8/KF)	(11/WVN)	(17/RTN)	(15/VM)	(8/VM)	(17/AM)	(20/VN)
(10/PM)	(6/WVN)	(15/M)	(8/KF)	(8/TN)	(10/VN)	(14/KK)
(14/PM)	(11/KK)	(5/PM)	(9/RTN)	(11/KK)	(12/TN)	(1/VN)
(20/WVN)	(9/WVN)	(20/VN)	(7/KF)	(1/1)	(7/VN)	(10/N)
(10/KK)	(11/RTN)	(5/RTN)	(11/VM)	(11/N)	(9/M)	(15/RTN)
(9/J)	(17/WVN)	(17/EJ)	(15/EJ)	(10/AM)	(11/VN)	(13/WVN)
(6/VE)	(11/VN)	(3/KF)	(12/M)	(15/EJ)	(16/AM)	(11/TN)
(16/VE)	(13/N)	(11/EJ)	(5/N)	(9/EJ)	(14/EJ)	(15/GM)
(18/VE)	(10/KK)	(6/PM)	(11/TN)	(14/MAC)	(14/AM)	(15/PM)
(14/WVN)	(11/VM)	(9/N)	(11/VN)	(9/M)	(12/KK)	(9/M)
(10/GM)	(12/N)	(10/VN)	(16/VM)	(19/TN)	(10/EJ)	(15/Cap)
(12/MAC)	(14/VN)	(15/KF)	(9/KK)	(10/EJ)	(9/EJ)	(9/DVM)
(3/KK)	(15/J)	(11/VM)	(8/TN)	(19/KK)	(20/VN)	(17/TN)
(6/Cap)	(8/HB)	(11/KF)	(15/TN)	(12/GM)	(5/GM)	(12/J)
(11/KF)	(9/N)	(11/KK)	(9/VE)	(11/RTN)	(12/VM)	(1/VN)

(8/KF)	(5/RTN)	(20/M)	(9/KK)	(12/VM)	(11/N)	(3/KF)
(11/KF)	(7/KF)	(8/VM)	(3/KK)	(15/WVN)	(10/MAC)	(18/TN)
(14/J)	(10/KK)	(11/EJ)	(18/KK)	(14/VN)	(9/GM)	(5/J)
(18/VN)	(10/EJ)	(13/KF)	(19/VN)	(15/AM)	(9/J)	(11/VN)
(8/AM)	(9/EB)	(8/KK)	(10/HB)	(19/TN)	(13/M)	(7/KF)
(14/M)	(10/VN)	(11/EJ)	(14/KK)	(7/RTN)	(16/KF)	(11/GM)
(15/WVN)	(13/WVN)	(12/VM)	(5/VE)	(1/J)	(14/AM)	(14/EJ)
(10/VN)	(14/KF)	(14/Cap)	(9/EJ)	(13/VM)	(11/KK)	(12/MAC)
(8/VE)	(16/VM)	(15/DVM)	(6/VM)	(11/VM)	(10/KK)	(12/N)
(3/VN)	(12/N)	(12/TN)	(10/RTN)	(12/WVN)	(14/KK)	(12/EJ)
(17/RTN)	(10/VN)	(15/WVN)	(5/VM)	(6/VM)	(11/EB)	(11/EJ)
(9/VN)	(20/KF)	(20/TN)	(10/EJ)	(12/M)	(7/N)	(15/N)
(15/M)	(11/M)	(5/GM)	(11/VN)	(14/WVN)	(11/WVN)	(6/TN)
(10/TN)	(14/EJ)	(11/KK)	(3/KK)	(10/VN)	(6/M)	(16/VN)
(11/DVN)	(10/EJ)	(11/WVN)	(20/KK)	(9/VN)	(14/MAC)	(10/EB)
(13/J)	(9/PM)	(12/N)	(8/TN)	(12/VN)	(9/M)	(16/RTN)
(15/VN)	(11/J)	(11/WVN)	(7/J)	(9/EB)	(13/J)	(16/WVN)
(3/M)	(9/RTN)	(6/VM)	(2/WVN)	(6/RTN)	(16/KF)	(8/VM)
(15/KF)	(11/KK)	(17/M)	(17/AM)	(6/RTN)	(12/TN)	(8/WVN)
(15/VN)	(15/M)	(20/VN)	(15/WVN)	(12/KK)	(9/TN)	(6/VM)
(9/VN)	(15/EJ)	(1/VN)	(15/N)	(13/N)	(8/J)	(12/VM)
(9/VN)	(6/J)	(11/VN)	(9/EB)	(5/M)	(8/KF)	(11/WVN)
(12/PM)	(12/EJ)	(12/VM)	(9/KK)	(15/M)	(11/AM)	(9/M)
(12/PM)	(19/VE)	(13/AM)	(10/KF)	(5/KK)	(12/N)	(8/KK)
(13/AM)	(3/M)	(15/M)	(15/GM)	(16/AM)	(12/GM)	(11/N)
(12/KF)	(12/VM)	(15/J)	(6/J)	(20/N)	(7/M)	(14/WVN)
(15/VN)	(16/N)	(5/VN)	(11/EJ)	(15/WVN)	(16/N)	(4/N)

Da es sich bei den Erscheinungen »Lieblingsfarbe« und »Lieblingssorte« um zwei nominale Merkmale handelt, muss zur Berechnung des Zusammenhangs der beiden Variablen der *Kontingenzkoeffizient nach Pearson* in Anspruch genommen werden.

Hierzu ist es angebracht, die obigen Daten in eine Kontingenztabelle zu »übertragen«, um die *absoluten Häufigkeiten* überschaubar und die Berechnung damit leichter zu machen. Die Kontingenztabelle sieht somit wie folgt aus:

																				Σ
2	-	-	-	-	-	-	-	-	-	-	-	1	-	-	-	4	-	1	-	8
-	3	-	-	-	-	-	-	-	-	1	-	-	-	-	1	-	1	-	-	6
1	1	3	-	1	2	1	-	1	-	-	1	1	-	1	-	1	4	1	-	19
-	-	-	-	-	-	1	-	-	-	-	-	1	-	-	-	1	-	-	-	3
1	-	-	1	4	4	2	-	-	-	-	2	1	1	-	3	1	1	-	-	21
3	2	1	2	1	4	3	-	1	-	2	10	-	1	-	-	1	1	2	-	34
1	-	3	-	-	2	2	-	-	-	-	-	2	1	-	-	2	1	2	1	17
3	3	4	-	1	1	1	4	1	1	1	3	-	-	-	-	-	6	3	1	33
7	9	1	-	1	5	2	2	6	6	-	1	3	1	1	2	10	6	2	1	66
2	2	1	-	2	1	2	1	2	11	1	-	1	2	-	2	9	5	3	1	48
4	8	4	-	2	4	4	1	3	7	11	5	7	2	1	3	9	7	5	-	87
2	3	3	1	1	2	2	1	-	5	-	11	8	2	-	2	5	5	5	3	61
3	2	2	-	-	1	1	-	-	-	2	1	2	-	-	-	2	-	1	1	18
4	7	4	1	1	1	-	1	-	4	3	1	2	4	1	-	5	6	1	2	48
5	9	5	2	-	8	2	1	1	4	1	5	5	3	4	2	7	1	3	-	68
3	1	3	1	1	4	1	1	-	-	2	5	3	-	-	1	2	1	-	-	29
-	1	-	1	-	1	2	-	-	1	2	-	-	-	-	-	2	-	1	-	11
-	-	-	1	1	-	-	-	-	-	1	1	-	-	-	-	1	2	1	-	8
-	-	-	-	1	-	-	-	-	-	-	-	-	-	-	-	2	2	2	-	7
-	1	2	1	-	2	-	-	-	-	-	1	-	-	-	-	5	3	1	1	17
Σ 41	52	36	11	17	42	26	12	15	39	27	46	38	17	8	16	69	52	34	11	609

Abb. 3: Absolute Häufigkeiten, mit denen die Merkmale (Lieblingsfarbe/Lieblingssorte) auftreten

Um den Kontingenzkoeffizienten berechnen zu können, muss vorher die χ^2-Größe bekannt sein. Dazu müssen die theoretischen Häufigkeiten e berechnet werden (S.34).

Für die *theoretischen Werte* ergibt sich die folgende Kontingenztabelle[1]:

	C1	C2	C3	C4	C5	C6	C7	C8	C9	C10	C11	C12	C13	C14	C15	C16	C17	C18	C19	C20	Σ
	0,54	0,68	0,47	0,14	0,22	0,55	0,34	0,16	0,2	0,51	0,35	0,6	0,5	0,22	0,11	0,21	0,91	0,68	0,45	0,14	8
	0,4	0,51	0,35	0,11	0,17	0,41	0,26	0,12	0,15	0,38	0,27	0,45	0,37	0,17	0,08	0,16	0,68	0,51	0,33	0,11	6
	1,28	1,62	1,12	0,34	0,53	1,31	0,81	0,37	0,47	1,22	0,84	1,44	1,19	0,53	0,25	0,5	2,15	1,62	1,06	0,34	19
	0,2	0,26	0,18	0,05	0,08	0,21	0,13	0,06	0,07	0,19	0,13	0,23	0,19	0,08	0,04	0,08	0,34	0,26	0,17	0,05	3
	1,41	1,79	1,24	0,38	0,59	1,45	0,9	0,41	0,52	1,34	0,93	1,59	1,31	0,59	0,28	0,55	2,38	1,79	1,17	0,38	21
	2,29	2,9	2,01	0,61	0,95	2,34	1,45	0,67	0,84	2,18	1,51	2,57	2,12	0,95	0,45	0,89	3,85	2,9	1,90	0,61	34
	1,14	1,45	1,0	0,31	0,47	1,17	0,73	0,33	0,42	1,09	0,75	1,28	1,06	0,47	0,22	0,45	1,93	1,45	0,95	0,31	17
	2,22	2,82	1,95	0,6	0,92	2,28	1,41	0,65	0,81	2,11	1,46	2,49	2,06	0,92	0,43	0,87	3,74	2,82	1,84	0,6	33
	4,44	5,64	3,9	1,19	1,84	4,55	2,82	1,3	1,63	4,23	2,93	4,99	4,12	1,84	0,87	1,73	7,48	5,64	3,68	1,19	66
	3,23	4,1	2,84	0,87	1,34	3,31	2,05	0,95	1,18	3,07	2,13	3,63	3,0	1,34	0,63	1,26	5,44	4,1	2,68	0,87	48
	5,86	7,43	5,14	1,57	2,43	6	3,71	1,71	2,14	5,57	3,86	6,57	5,43	2,43	1,14	2,29	9,86	7,43	4,86	1,57	87
	4,11	5,21	3,61	1,1	1,7	4,21	2,6	1,2	1,5	3,91	2,7	4,61	3,81	1,7	0,8	1,6	6,91	5,21	3,41	1,1	61
	1,21	1,54	1,06	0,33	0,5	1,24	0,77	0,35	0,44	1,15	0,8	1,36	1,12	0,5	0,24	0,47	2,04	1,54	1,0	0,33	18
	3,23	4,1	2,84	0,87	1,34	3,31	2,05	0,95	1,18	3,07	2,13	3,63	3,0	1,34	0,63	1,26	5,44	4,1	2,68	0,87	48
	4,58	5,81	4,02	1,23	1,9	4,69	2,9	1,34	1,67	4,35	3,01	5,14	4,24	1,9	0,89	1,79	7,7	5,81	3,8	1,23	68
	1,95	2,48	1,71	0,52	0,81	2,0	1,24	0,57	0,71	1,86	1,29	2,19	1,81	0,81	0,38	0,76	3,29	2,48	1,62	0,52	29
	0,74	0,94	0,65	0,2	0,31	0,76	0,47	0,22	0,27	0,7	0,49	0,83	0,69	0,31	0,14	0,29	1,25	0,94	0,61	0,2	11
	0,54	0,68	0,47	0,14	0,22	0,55	0,34	0,16	0,2	0,51	0,35	0,6	0,5	0,22	0,11	0,21	0,91	0,68	0,45	0,14	8
	0,47	0,6	0,41	0,13	0,2	0,48	0,30	0,14	0,17	0,45	0,31	0,53	0,44	0,2	0,09	0,18	0,79	0,6	0,39	0,13	7
	1,14	1,45	1,0	0,31	0,47	1,17	0,73	0,33	0,42	1,09	0,75	1,28	1,06	0,47	0,22	0,45	1,93	1,45	0,95	0,31	17
$\sum_i$	41	52	36	11	17	42	26	12	15	39	27	46	38	17	8	16	69	52	34	11	609

Abb. 4: Theoretische Häufigkeiten, mit denen die Erscheinungen auftreten

Da nun alle theoretischen Häufigkeiten von den beobachteten Häufigkeiten bekannt sind, lässt sich mit diesen beiden Zahlenwerten die χ^2-Größe berechnen (Formel S. 35):[2]

---

[1] Werte auf zwei Dezimale gerundet!
[2] Zum Behalten der Übersicht stehen die in der folgenden Rechnung gelb markierten Zahlen jeweils für den 50. berechneten Wert.

$$\chi^2 = \frac{(n_{1/J}-e_{1/J})^2}{e_{1/J}} + \frac{(n_{1/WVN}-e_{1/WVN})^2}{e_{1/WVN}} + \dots + \frac{(n_{20/TN}-e_{20/TN})^2}{e_{20/TN}} + \frac{(n_{20/MAC}-e_{20/MAC})^2}{e_{20/MAC}}$$

$$\chi^2 = \frac{(2-0,54)^2}{0,54} + \frac{(0-0,68)^2}{0,68} + \frac{(0-0,47)^2}{0,47} + \dots + \frac{(3-1,45)^2}{1,45} + \frac{(1-0,95)^2}{0,95} + \frac{(1-0,31)^2}{0,31}$$

$$\chi^2 = \frac{2,1316}{0,54} + \frac{0,4624}{0,68} + \frac{0,2209}{0,47} + \frac{0,0196}{0,14} + \dots + \frac{9,4249}{1,93} + \frac{2,4025}{1,45} + \frac{0,0025}{0,95} + \frac{0,4761}{0,31}$$

$\chi^2 = $ 3,95 + 0,68 + 0,47 + 0,14 + 0,22 + 0,55 + 0,34 + 0,16 + 0,2 + 0,51 + 0,35 + 0,6 + 0,5

0,22 + 0,11 + 0,21 + 10,49 + 0,68 + 0,67 + 0,14 + 0,4 + 12,16 + 0,35 + 0,11 + 0,17 +

0,41 + 0,26 + 0,12 + 0,15 + 0,38 + 1,97 + 0,45 + 0,37 + 0,17 + 0,08 + 4,41 + 0,68 +

0,47 + 0,33 + 0,11 + 0,06 + 0,24 + 3,16 + 0,34 + 0,42 + 0,36 + 0,04 + 0,37 + 0,6 +

1,22 + 0,84 + 0,13 + 0,03 + 0,53 + 2,25 + 0,5 + 0,62 + 3,5 + 0,0 + 0,34 + 0,2 + 0,26 +

0,18 + 0,05 + 0,08 + 0,21 + 5,82 + 0,06 + 0,07 + 0,19 + 0,13 + 0,23 + 3,45 + 0,08 +

0,04 + 0,08 + 1,28 + 0,26 + 0,17 + 0,05 + 0,12 + 1,79 + 1,24 + 1,01 + 19,71 + 4,48 +

1,34 + 0,41 + 0,52 + 1,34 + 0,93 + 0,11 + 0,07 + 0,28 + 0,28 + 10,91 + 0,8 + 0,35 +

1,17 + 0,38 + 0,22 + 0,28 + 0,51 + 3,17 + 0,0 + 1,18 + 1,66 + 0,67 + 0,03 + 2,18 +

0,16 + 21,48 + 2,12 + 0,0 + 0,45 + 0,89 + 2,11 + 1,24 + 0,01 + 0,61 + 0,02 + 1,45 + 4

+ 0,31 + 0,47 + 0,59 + 2,21 + 0,33 + 0,42 + 1,09 + 0,75 + 1,28 + 0,83 + 0,6 + 0,22 +

0,45 + 0,0 + 0,14 + 1,16 + 1,54 + 0,27 + 0,01 + 2,16 + 0,6 + 0,01 + 0,72 + 0,12 +

17,27 + 0,04 + 0,58 + 0,14 + 0,1 + 2,06 + 0,92 + 0,43 + 0,87 + 3,74 + 3,59 + 0,73 +

0,27 + 1,48 + 2,0 + 2,16 + 1,19+ 0,38 + 0,04 + 0,24 + 0,38 + 11,72 + 0,74 + 2,93 +

3,19 + 0,3 + 0,38 + 0,02 + 0,04 + 0,85 + 0,02 + 0,77 + 0,03 + 0,47 + 1,08 + 1,19 +

0,87 + 0,33 + 1,61 + 0,0 + 0,0 + 0,57 + 20,48 + 0,6 + 3,63 + 1,33 + 0,33 + 0,63 + 0,43

+ 2,33 + 0,2 + 0,04 + 0,02 + 0,59 + 0,04 + 0,25 + 1,57 + 0,08 + 0,67 + 0,02 + 0,29 +

0,35 + 0,37 + 13,21 + 0,38 + 0,45 + 0,08 + 0,02 + 0,22 + 0,08 + 0,02 + 0,0 + 1,57 +

1,08 + 0,94 + 0,1 + 0,01 + 0,29 + 1,16 + 0,14 + 0,03 + 1,5 + 0,3 + 2,7 + 8,86 + 4,61 +

0,05 + 0,8 + 0,1 + 0,53 + 0,01 + 0,74 + 3,28 + 2,65 + 0,14 + 0,83 + 0,33 + 0,5 + 0,05 +

0,07 + 0,35 + 0,44 + 1,15 + 1,8 + 0,1 + 0,69 + 0,5 + 0,24 + 0,47 + 0,0 + 1,54 + 0 + 1,36

+ 0,18 + 2,05 + 0,47 + 0,02 + 0,09 + 1,61 + 2,05 + 0,0 + 1,18 + 0,28 + 0,36 + 1,91 +

0,33 + 5,28 + 0,22 + 1,26 + 0,04 + 0,88 + 1,05 + 1,47 + 0,04 + 1,75 + 0,24 + 0,48 + 1,9

+ 2,34 + 0,28 + 0,09 + 0,27 + 0,03 + 1,34 + 0,0 + 0,14 + 0,64 + 10,87 + 0,02 + 0,06 +

3,98 + 0,17 + 1,23 + 0,57 + 0,88 + 0,97 + 0,44 + 0,04 + 2 + 0,05 + 0,32 + 0,71 + 1,86 +

0,39 + 3,61 + 0,78 + 0,81 + 0,38 + 0,08 + 0,51 + 0,88 + 1,62 + 0,52 + 0,74 + 0,0 + 0,65

+ 3,2 + 0,31 + 0,08 + 4,98 + 0,22 + 0,27 + 0,13 + 4,65 + 0,83 + 0,69 + 0,31 + 0,14 +

0,29 + 0,45 + 0,94 + 0,25 + 0,2 + 0,54 + 0,68 + 0,47 + 5,28 + 2,77 + 0,55 + 0,34 + 0,16

+ 0,2 + 0,51 + 1,21 + 0,27 + 0,5 + 0,22 + 0,11 + 0,21 + 0,01 + 2,56 + 0,67 + 0,14 + 0,47

+ 0,6 + 0,41 + 0,13 + 3,2 + 0,48 + 0,3 + 0,14 + 0,17 + 0,45 + 0,31 + 0,53 + 0,44 + 0,2 +

0,09 + 0,18 + 1,85 + 3,27 + 6,65 + 0,13 + 1,14 + 0,14 + 1 + 1,54 + 0,47 + 0,59 + 0,73 +

0,33 + 0,42 + 1,09 + 0,75 + 1,28 + 0,0 + 0,47 + 0,22 + 0,45 + 4,88 + 1,66 + 0,0 + 1,54

= 51,55 + 68,87 + 78,61 + 77,85 + 54 + 53,3 + 48,25 + 44,6

= 477,03

Für den Kontingenzkoeffizienten C nach Pearson ergibt sich damit

$$C = \sqrt{\frac{\chi^2}{n+\chi^2}} = \sqrt{\frac{477,03}{609 + 477,03}} = \sqrt{\frac{477,03}{1086,03}} \approx \sqrt{0,44} \approx 0,66$$

Benutzt man hingegen den korrigierten Kontingenzkoeffizienten, so ergibt sich für den Zusammenhang:

$$C_{korr} = \frac{C}{C_{Max}} = \frac{C}{\sqrt{\frac{i-1}{i}}} = \frac{0,66}{\sqrt{\frac{20-1}{20}}} = \frac{0,66}{\sqrt{0,95}} = \frac{0,66}{0,97} = \underline{\underline{0,68}}$$

Es besteht also eine mittelstarke Korrelation zwischen der »Lieblingsfarbe« und der »Lieblingssorte« bei RitterSport.

Versuch einer Erklärung:

Betrachtet man die Kontingenztabelle mit den absoluten Häufigkeiten etwas genauer, so stellt man fest, dass die Rot-, Pink-, Blau-, Türkis- und Grüntöne im Vergleich zu den übrigen Farben öfters als »Lieblingsfarbe« gewählt werden als die übrigen. Dabei sind es vor allem die weiblichen Befragten, die sich öfters für die »femininen« Rot-und Violetttöne entscheiden, während die männlichen sich eher auf Blautöne berufen. Die Grün-, sowie Türkistöne werden von beiden Geschlechtern mit etwa gleich großer Vorliebe gewählt.

Hinsichtlich der Schokoladengeschmäcker lässt sich ebenfalls eine interessante Beobachtung machen: Obwohl die Vorlieben für jede Schokoladensorte ungefähr gleich oft auftreten, kann man trotzdem ein deutliches Hervorstechen der »nussigen« Typen erkennen. Auffällig ist bei dieser Betrachtung, dass die Lieblingssorten mit Nuss in der braunen Verpackung (VN, TN) im Vergleich zu der Häufigkeiten, mit denen die Braunfarbtöne als »Lieblingsfarbe« angegeben werden, äußerst hohe Beobachtungswerte zeigen. Nach dieser Erscheinung wäre hierbei kaum eine mittelstarke Korrelation zu erwarten gewesen.

10.6 Gleiche Geschmäcker bei Geschwistern?

Befragt wurden zwei Geschwister A und B nach ihren Schokoladen-Geschmäckern. Zur Auswahl standen 15 ![RitterSport] - Sorten, denen sie die Zahlen 1-15 zuordnen konnten, wobei die 1 für »mag ich gar nicht« und die 15 für »Lieblingssorte« stehen und eine Bewertung auch häufiger vorkommen durfte. Das Ergebnis wurde in folgender Tabelle festgehalten:

A	7	14	1	12	13	3	5	14
B	12	13	2	5	4	1	7	14

A	2	6	10	9	15	11	8
B	1	3	15	13	8	10	11

Da es bei der Ermittlung der Korrelation lediglich um die Rangordnung der Schokoladensorten geht, wird der Rangkorrelationskoeffizient nach Spearman zur Berechnung herangezogen.

a) Ermittlung der Rangordnungen R(A) und R(B)

i	1	2	3	4	5	6	7	8	9	10	11	12	13	14	15
A	7	14	1	12	13	3	5	14	2	6	10	9	15	11	8
R(A)	6	13,5	1	11	12	3	4	13,5	2	5	9	8	15	10	7
B	12	13	2	5	4	1	7	14	1	3	15	13	8	10	11
R(B)	11	12,5	3	6	5	1,5	7	14	1,5	4	15	12,5	8	9	10

b) Berechnung des Rangkorrelationskoeffizienten ρ_R

$$\rho_R = 1 - \frac{6 \sum_{i=1}^{N} [R_i(A) - R_i(B)]^2}{}$$

$$= 1 - \frac{6\left[(6-11)^2 + (13,5-12,5)^2 + (1-3)^2 + \cdots + (7-10)^2\right]}{15(15^2-1)}$$

$$= 1 - \frac{6\left[(-5)^2 + 1^2 + (-2)^2 + 5^2 + 7^2 + 1{,}5^2 + (-3)^2 + (-0{,}5)^2 + 0{,}5^2 + 1^2 + \right.}{15(15^2 - 1)}$$

$$\frac{\left.(-6)^2 + (-4{,}5)^2 + 7^2 + 1^2 + (-3)^2\right]}{\cdots}$$

$$= 1 - \frac{6(\,25+1+4+25+49+2{,}25+9+0{,}25+0{,}25\,+1+36+20{,}25+49+1+9)}{3360}$$

$$= 1 - \frac{6 \cdot 232}{3360}$$

$$= 1 - \frac{1392}{3360} \quad = 1 - 0{,}414285714$$

$$= 0{,}585714285 \approx \underline{\underline{0{,}59}}$$

Der Wert deutet darauf hin, dass eine mittelstarke[1] Übereinstimmung zwischen den Geschmäckern von zwei Geschwistern besteht.

10.7 Bauernregeln

Mit Hilfe der Korrelationsanalyse sollen im nachfolgenden Kapitel zwei Bauernregeln auf ihre »Glaubwürdigkeit« überprüft werden.

10.7.1 Simon, Juda und Cäcilia

»WAR AN SIMON UND JUDA (28.OKTOBER) KEIN WIND UND REGEN DA,

DANN BRINGT IHN DIE CÄCILIA(22.NOVEMBER)«[2]

---

[1] Bewertung entnommen aus: ATHEN; S. 146
[2] Bauernregel entnommen aus: o.A: Bauernkalender 2011. Labonté Köhler Osnowski Verlagsgesellschaft mbH, Köln; Sonderausgabe für Verlagsgruppe WELTBILD GmbH, Augsburg(2010)

Untersucht wurden dabei die Jahre von 1947 bis 2009 auf »Regen R am 28.10« und
»Regen am 22.11« in der Region Würzburg[1]. Das Ergebnis hält die untenstehende Tabelle fest:

28.10 \ 22.11	R	$\bar{R}$	
R	15[2]	16	31
$\bar{R}$	12	20	32
	27	36	63

Da es sich bei den Merkmalen »Regen « und »$\overline{\text{Regen}}$« um zwei dichotome Merkmale
handelt, wird zur Berechnung der Korrelation der ϕ-Koeffizient herangezogen.

$$\phi = \frac{a_1 b_2 - a_2 b_1}{\sqrt{Ny_1 \cdot Ny_2 \cdot Nx_1 \cdot Nx_2}} = \frac{15 \cdot 20 - 16 \cdot 12}{\sqrt{31 \cdot 32 \cdot 27 \cdot 36}} = \frac{108}{981,95} \approx \underline{\underline{0,11}}$$

Das Ergebnis von 0,11 deutet auf eine sehr schwache **positive** Korrelation hin. Erwartet
wäre laut der Bauernregel eine negative Korrelation. Die Bauernregel trifft somit auf
die Region Würzburg nicht zu.

10.7.2 St. Anton und St. Peter

»WENN AN ST. ANTON (13.JUNI) GUT WETTER LACHT, ST. PETER (29.JUNI) VIEL IN WASSER MACHT«[3]

Untersucht wurden hier die Jahre 1947 bis 2010 auf die »Sonnenstunden in h des
13.06 (S)« und die »Niederschlagsmenge in cm vom 29.06 (N)« in der Region Würzburg. Das Ergebnis ist in der folgenden Tabelle[4] dokumentiert:

---

[1] Daten entnommen aus: http://www.wetterzentrale.de(1995):Wetterbeobachtungen-Kartenarchiv-
Informationen. http://www.wetterzentrale.de/topkarten/fskldwd.html; aufgerufen am 31.10.10
[2] Anzahl der Jahre, auf welche die Mermale zutreffen.
[3] Bauernkalender 2011
[4] Daten aus: http://www.wetterzentrale.de/topkarten/fskldwd.html.(01.11.10)

	S (h)	N(cm)		S(h)	N(cm)		S(h)	N(cm)
1947	10,5	0	1969	10,9	0,2	1990	0,0	7,1
1948	13,9	8,4	1970	15,0	6,9	1991	1,9	0
1949	6,9	0	1971	6,9	2,8	1992	3,1	0
1950	10,6	0	1972	4,5	31,3	1993	0,4	0
1951	10,2	0	1973	6,0	0,4	1994	6,8	0
1952	10,6	0	1974	0,0	19,5	1995	4,7	0
1953	10,8	0	1975	9,3	0,3	1996	12,8	6,7
1954	2,3	0	1976	11,1	0	1997	5,0	14,1
1955	1,3	9,3	1977	13,4	0	1998	7,1	0
1956	2,9	5,6	1978	3,1	0	1999	0,4	0
1957	10,0	0	1979	10,0	0	2000	14,6	0
1958	9,5	0	1980	5,8	0,1	2001	11,7	0
1959	1,3	10,6	1981	14,1	0	2002	5,2	0
1960	5,3	1,0	1982	4,3	0,7	2003	6,7	0
1961	4,0	0	1983	1,8	0	2004	4,3	0
1962	11,6	0	1984	7,7	0	2005	9,8	10,7
1963	10,9	0	1985	6,7	0	2006	14,3	8,4
1964	15,3	8,5	1986	0,2	0	2007	11,5	0,4
1965	0,3	0	1987	6,1	0	2008	5,0	0
1966	14,4	5,2	1988	14,4	3,4	2009	14,5	0
1967	6,5	0	1989	14,3	0,4	2010	6,5	0
1968	10,5	0						

Da es sich bei den Merkmalen »Sonnenstunden in h« und »Niederschlagsmenge in cm« um zwei ordinalskalierte Merkmale handelt, wird der Produkt-Moment-Korrelationskoeffizient zur Ermittlung des Zusammenhangs herangezogen.

a) Berechnung der Mittelwerte $\overline{S}$ und $\overline{N}$

$$\overline{S} = \frac{10,5 + 13,9 + 6,9 + 10,6 + \cdots + 14,5 + 6,5}{64} = \frac{491,5}{64} = 7\frac{87}{128} \approx \underline{7,68}$$

$$\overline{N} = \frac{0 + 8,4 + 0 + 0 + \cdots + 0 + 0}{64} = \frac{162}{64} = 2\frac{17}{32} \approx \underline{2,53}$$

b) Berechnung der Varianzen s_S^2 und s_N^2

$$s_S^2 = \overline{S^2} - \overline{S}^2$$

$$= \frac{(10,5)^2 + (13,9)^2 + \ldots + (6,5)^2}{64} - \left(7\frac{87}{128}\right)^2 = \frac{5121,17}{64} - \frac{966289}{16384} = \frac{344730,52}{16384}$$

$$\approx \underline{21,04}$$

$$s_N^2 = \overline{N^2} - \overline{N}^2$$

$$= \frac{(0)^2 + (8,4)^2 + \ldots + (0)^2}{64} - \left(2\frac{17}{32}\right)^2 = \frac{2308,28}{64} - \frac{6561}{1024} = \frac{30371,48}{1024} \approx \underline{29,66}$$

c) Berechnung der Standardabweichungen s_S und s_N

$$s_S = \sqrt{s_S^2} = \sqrt{\frac{344730,52}{16384}} = 4,587012225 \approx \underline{4,59}$$

$$s_N = \sqrt{s_N^2} = \sqrt{\frac{30371,48}{1024}} = 5,446067245 \approx \underline{5,45}$$

d) Berechnung der Kovarianz s_{SN}

$$s_{SN} = \overline{S_i N_i} - \overline{S} \cdot \overline{N}$$

$$= \frac{10,5 \cdot 0 + 13,9 \cdot 8,4 + \cdots + 6,5 \cdot 0}{64} - 7\frac{87}{128} \cdot 2\frac{17}{32} = \frac{1084,25}{64} - \frac{79623}{4096} = \frac{-10231}{4096}$$

$$\approx \underline{-2,5}$$

e) Berechnung des Korrelationskoeffizienten r_{SN}

$$r_{SN} = \frac{S_{SN}}{S_S \cdot S_N} = \frac{\left(\frac{-10231}{4096}\right)}{\sqrt{\frac{344730,52}{16384}} \cdot \sqrt{\frac{30371,48}{1024}}} = \frac{(-10231) \cdot \sqrt{1024} \cdot \sqrt{16384}}{4096 \cdot \sqrt{344730,56} \cdot \sqrt{30372,48}}$$

$$= \frac{(-10231)}{\sqrt{344730,56} \cdot \sqrt{30372,48}} = -0,099985739 \approx \underline{\underline{-0,1}}$$

Der berechnete Wert von -0,1 deutet auf eine schwach **negative** Korrelation zwischen den »Sonnenstunden am 13.6« und der »Niederschlagsmenge am 29.6« hin. Laut der Bauernregel wäre eine positive Korrelation zwischen den genannten Merkmalen zu erwarten gewesen. Somit lässt sich diese auf die Region Würzburg nicht anwenden.

11 Schluss

Die Korrelationsanalyse ermöglicht es, Zusammenhänge zwischen verschiedenen Erscheinungen herzustellen und zu überprüfen. Mit ihrer Hilfe erhielt ich Einblick in statistische Arbeitsweisen. Ich beschäftigte mich intensiv mit dem Auswerten und Sortieren von Daten und berechnete mit Hilfe der Korrelationskoeffizienten den Zusammenhang zwischen ihnen. Ich lernte, Statistiken nicht blind zu vertrauen, da es sich bei diesen keineswegs um Kausalzusammenhänge handeln muss, sondern lediglich die Erscheinungen verschiedener Merkmale und deren gemeinsames Auftreten in ihnen dokumentiert werden. Vielmehr veranlasst eine Statistik zum Hinterfragen der Gründe für das entsprechende Ergebnis und regt damit zum Nachdenken an.

Für die autodidaktische Vermittlung der Theorie musste ich zunächst einen »Umweg« einschlagen. So arbeitete ich mich erst durch die »Varianz«, die »Standardabweichung« sowie durch die »Kovarianz«, bevor ich zur Berechnung der Korrelation kommen konnte.

Nach dem viel Zeit in Anspruch genommenem Erlernen der - oft sehr trockenen – Theorie, war es mir möglich, die Korrelationsanalyse auf alltägliche, »lebendige« Experimente anzuwenden. Die Ergebnisse waren teilweise unerwartet, manche jedoch bestätigten meine Annahmen. Trotz des hohen Arbeitsaufwandes blieb stets eine gewisse Spannung übrig, die mich dazu antrieb, möglichst bald und genau zum Ergebnis zu kommen. Ein »logischer« Endwert, d.h. eine Korrelation zwischen [-1; +1], ließen die vorherige Mühe durch die Euphorie, am Ziel angekommen zu sein, oft vergessen.

Da es mir an technischen Mittel, mit denen ich Summen, Varianzen, Standardabweichungen sowie Kovarianzen schnell hätte ausrechnen können, mangelte, musste ich alle Werte per Hand in den Taschenrechner eintippen und schriftlich, teilweise auf einem Schmierzettel, festhalten. Diese Tatsache raubte oft die nötige Zeit, um mit einer Aufgabe an einem Tag fertig zu werden. Oft zog sich allein die Auswertung bereits mehrere Tage hin, bis ich endlich anfangen konnte mit Zahlen zu »arbeiten«. Für eine »professionelle« Korrelationsanalyse arbeiten Statistiker daher mit speziellen technischen Geräten.

Insgesamt habe ich mir durch das Verfassen dieser Facharbeit eine Vielzahl neuer Kenntnisse angeeignet. Dabei handelt es sich nicht nur um das methodische Arbeiten oder die Berechnung von Korrelationen, sondern auch um den Umgang mit Statistiken, die Verschiedenartigkeit der Menschen bei der Durchführung meiner Umfrage an der Frankfurter Hauptwache, aber auch die Tatsache, dass mir der Ansporn und die Motivation, obwohl sie oft meine Grenzen erreichte, nie ausging, solange ich dem Ziel, die Facharbeit fertigzustellen, entgegen strebte. Daher zitiere ich als Schlusswort meiner Arbeit einen Ausspruch Senecas:

» Du brauchst nicht zu fürchten, daß Deine Mühe vergeblich war,

wenn Du für Dich gelernt hast. «

12 Quellen-und Literaturverzeichnis

Literatur:

Athen, Hermann;. 1973. *Wahrscheinlichkeitsrechnung und Statistik.* 3. Auflage. Hannover : Verlag Ferdinand Schöningh, 1973. Bd. Heft 2.

Barth, Friedrich, et al. 2008. *Mathematische Formeln und Definitionen.* München : Bayerischer Schulbuchverlag GmbH, 2008. Bd. 8. Auflage.

Benesch, Thomas und Schuch, Karin. 2008. *Aufgabensammlung Statistik.* Wien : LINDE VERLAG WIEN, 2008. 978-3-7143-0132-8.

Brown, F. L. et al. 1965. *Grundinhalte der Statistik. Beiträge zur empirischen Unterrichtsforschung.* London : Hermann Schroedel Verlag KG, 1965. Bd. 2. Auflage.

Burkschat, M., Cramer, E. und Kamps, U. 2000. *Beschreibende Statistik.* Berlin : Springer-Verlag Berlin-Heidelberg 2004, 2000.

Edwards, Allen Louis. 1976. *An introduction to linear regression and correlation.* s.l. : Library of Congress Cataloging in Publication Data, 1976.

Engels, F. 1962. Dialektik der Natur,. [Buchverf.] F. Engels und K. Marx. *Werke.* Berlin : Dietz Verlag, 1962, Bd. 20, S. 151.

Förster, Erhard und Rönz, Bernd. 1979. *Methoden der Korrelations- und Regressionsanalyse. Ein Leitfaden für Ökonomen.* [Hrsg.] Rolf Baumgart. Berlin : Verlag Die Wirtschaft, 1979.

Koschnick, W.J. 1995. *Management: Enzyklopädisches Lexikon.* Berlin : Die Deutsche Bilbiothek, 1995.

Krämer, Walter. 1998. *Statistik verstehen. Eine Gebrauchsanweisung.* 3.Auflage. Frankfurt/Main : Campus Verlag, 1998.

Lohnes, Paul R. und Cooley, William W. 1968. *Einführung in die Statistik.Beiträge zur empirischen Unterrichtsforschung.* Hannover : Hermann Schroedel Verlag KG, 1968.

Müller, Alfred. 1991. *Abitur-Training Mathematik.Stochastik.Leistungskurs-Grundlagen und Aufgaben mit Lösungen.* Auflage 2008. Freising : STARK Verlagsgesellschaft mbH & Co. KG, 1991.

o.A. 2010. Bauernkalender 2011. [Hrsg.] Weltbild. Köln : Labonté Köhler Osnowski Verlagsgesellschaft mbH, 2010. Sonderausgabe für Verlagsgruppe Weltbild GmbH, Augsburg.

Sachs, L. 1972. *Angewandte Statistik. Methodensammling mit R.* . Heidelberg : Springer-Verlag Berlin-Heidelberg, 1972. 13. Auflage.

Schulze, Peter M. 2003. *Beschreibende Statistik.* München : Oldenburg-Verlag, 2003. 5. Auflage.

Spiegel, Murray R. und Stephens, Larry L. 2003. *Statistik - Das Lehrbuch.* Heidelberg : REDLINE GmbH, 2003.

Tiede, Manfred. 1987. *Statistik. Regressions. und Korresionsanalyse.* München : R. Oldenbourg Verlag, 1987.

Internetquellen:

Berger, Klaus. 2004. Mathe-Online. (19. 01. 2004). http://www.matheonline.at/materialien/klaus.berger/files/regression/korrelation.pdf.

Ebermann, Erwin. 2010. http://www.univie.ac.at. *Institut für Kultur- und Sozialanthropologie.* (18. 06. 2010). [Zitat vom: 23. 08. 2010.] http://www.univie.ac.at/ksa/elearning/cp/quantitative/quantitative-106.html.

2010. http://www.fnweb.de. *Fränkische Nachrichten.*(24. 08. 2010). [Zitat vom: 24.08.2010.] http://www.fnweb.de/anzeigen/partnersuche/ergebnisse.html.

2006. http://www.gesundheit.de. (11. 01. 2006). [Zitat vom: 22.09. 2010.] http://www.gesundheit.de/wissen/haetten-sie-es-gewusst/ernaehrung/weisse-oder-braune-schale-welche-eier-sind-besser.

2010. http://www.local24.de. *Local24.Die Kleinanzeigensuche.* (24. 08. 2010). [Zitat vom: 24. 08. 2010.] http://www.local24.de/kontaktanzeigen/er-sucht-sie/.

Müller, M. 2004. http://www.imbe.med.uni-erlangen.de. (2004). [Zitat vom: 14. 08. 2010.] http://www.imbe.med.uni-erlangen.de/lehre/Querschnittsbereich1/Unterlagen.

—. http://www.shop.elsevier.de.(02.07.2004) *Einfache Korrelationsanalyse. Produkt-Moment-Korrelation zwischen zwei proportionalitätsskalierten Merkmalen.* [Zitat vom: 23.08. 2010.] http://shop.elsevier.de/sixcms/media.php/795/Einfache%20Korrelationsanalyse.pdf.

o.A. http://www.stubig.com. *Sammlung von Zitaten zur Statistik.* [Zitat vom: 29. 10. 2010.] http://www.stubig.com/Wissenschaft/Zitate.html.

—. 1995. http://www.wetterzentrale.de. *Wetterzentrale.* (1995). [Zitat vom: 31.10. 2010.] http://www.wetterzentrale.de/topkarten/fskldwd.html.

—. http://www.wissen.de. (2010) Wissen Media Verlag München.[Zitat vom: 14. 08 2010.] http://www.wissen.de/wde/generator/wissen/ressorts/bildung/index,page=1169818.html.

2010. http://www.wiso.uni-koeln.de. *Neue Statistik.* [Zitat vom: 23.08. 2010.] http://www.wiso.uni-koeln.de/statistik_lernmaterial/Kurs-Neue Statistik/content/MOD_96298/html/comp_96566.html.

Schmeink, L. 2006. http://wirtschaft.fh-duesseldorf.de.(2006). [Zitat vom: 20.08.2010.] http://wirtschaft.fh-duesseldorf.de/fileadmin/dekanat/Schmeink/028_korrelationsanalyse_bravais-pearson.pdf.

Wahl, M. 2010. http://www.uni-tuebingen.de. (01. 07. 2010). [Zitat vom: 23.08.2010.] http://www.uni-tuebingen.de/fileadmin/Uni_Tuebingen/Fakultaeten/ChemiePharma/ Institute/Pharm._Institut/Pharm_Technologie/Dokumente/12_Stunde_Korrelation.pdf.